U0348809

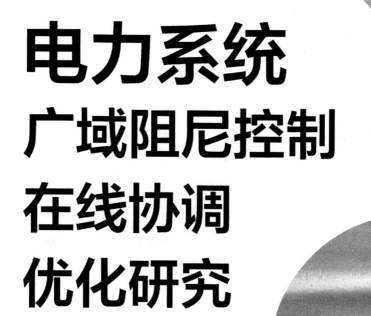

电力系统
广域阻尼控制
在线协调
优化研究

于淼 著

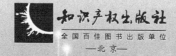
知识产权出版社
全国百佳图书出版单位
—北京—

图书在版编目（CIP）数据

电力系统广域阻尼控制在线协调优化研究/于淼著. —北京：知识产权出版社，2020.11（2022.1 重印）

ISBN 978-7-5130-7193-2

Ⅰ.①电… Ⅱ.①于… Ⅲ.①电力系统—阻尼器—研究 Ⅳ.①TM76

中国版本图书馆 CIP 数据核字（2020）第 180739 号

责任编辑：石陇辉 张 冰 责任校对：谷 洋
封面设计：杰意飞扬·张悦 责任印制：孙婷婷

电力系统广域阻尼控制在线协调优化研究

于 淼 著

出版发行：知识产权出版社 有限责任公司		网 址：http://www.ipph.cn	
社 址：北京市海淀区气象路 50 号院		邮政编码：100081	
责编电话：010-82000860 转 8024		责编邮箱：7406668504@qq.com	
发行电话：010-82000860 转 8101/8102		发行传真：010-82000893/82005070/82000270	
印 刷：北京九州迅驰传媒文化有限公司		经 销：各大网上书店、新华书店及相关专业书店	
开 本：787mm×1092mm 1/16		印 张：5.25	
版 次：2020 年 11 月第 1 版		印 次：2022 年 1 月第 2 次印刷	
字 数：95 千字		定 价：59.00 元	

ISBN 978-7-5130-7193-2

前　言

　　电力系统低频振荡问题是影响我国电网安全与稳定的重要因素之一，低频振荡现象若得不到有效控制，就会威胁电力系统的稳定运行，严重时会使电力系统崩溃，发生电网事故。此外，电力系统广域信号的传输存在通信时滞，会影响电力系统广域阻尼控制器的设计和协调控制器的控制效果。控制器的种类和数量会随着电网复杂性的提高而增加，不同控制器之间存在的交互作用有可能不利于电力系统的控制性能，这样便会使电力系统变得较为脆弱。因此，深入研究电力系统广域阻尼控制及协调控制问题，对保证广域环境下的电力系统稳定运行和在线协调控制器参数具有重要的理论研究意义。

　　第一，本书研究未考虑时滞因素的常规电力系统广域阻尼控制问题。由于在电力系统辨识与控制中存在模型辨识误差因素，且模型辨识误差因素给电力系统的辨识与阻尼控制带来了很大的难题，常常会恶化阻尼控制效果。针对此问题，首先建立电力系统闭环模型结构；其次基于递推最小二乘法和Vinnicombe距离理论提出一种迭代辨识方法，并给出该方法实现的全部步骤，该方法把辨识与控制问题结合在一起，可以得到最优电力系统模型和广域阻尼控制器模型；最后以四机两区系统模型为例进行算例仿真，并与传统龙格库塔迭代辨识方法进行了对比分析。本书提出的方法与传统方法相比在振幅上有所减小，趋于稳定的时间减少了一半左右；对电力系统的转子角振荡进行控制时，趋于平稳的时间在10s左右。

　　第二，本书研究考虑时滞因素的电力系统广域阻尼控制问题。在考虑模型辨识误差因素的基础之上，重点针对时滞问题，首先建立电力系统闭环时滞模型；其次提出一种考虑时滞（常数时滞和时变时滞）因素的电力系统迭代辨识广域阻尼控制器设计方法，该方法中状态反馈控制器和反馈增益矩阵分别用线性矩阵不等式和极点配置法来设计，以解决时滞电力系统阻尼控制问题；最后以四机两区系统模型为例进行算例仿真，并在不同时滞情况下进行对比分析，转子角及功率振荡可以在8s内趋于稳定，可以有效地抑制低频振荡，保证电力系统的稳定性。

　　第三，本书研究电力系统多阻尼控制器的在线协调控制问题。首先给出多阻尼控制器参数协调模型；其次提出一种球域人工免疫算法在线协调优化多阻尼控制器参数，该算法可以减少计算量，并且具有全局的搜索能力；最后以四机两区系统模型为例进行算例仿真，并与动态指标优化方法进行对比分析，使用本书方法进行控制时，功率及转子角振荡曲线趋于稳定的时间缩短 5s 左右，而且振幅也要小一半左右。仿真结果表明该算法可以更有效地实现多控制器参数协调优化，提高电力系统的阻尼控制效果。

第四，在 RTDS 实验设备上对本书提出的理论进行验证。经验证，仿真结果与实验结果基本一致，所设计的算法都能有效地抑制低频振荡现象。

通过仿真实验及 RTDS 实验可知，考虑模型辨识误差因素设计的控制器以及含时滞因素设计的控制器能够更有效地抑制电力系统低频振荡现象；且通过球域人工免疫算法在线协调后的参数亦能有效地抑制电力系统低频振荡，仿真及实验均取得了较好的广域阻尼控制效果，可以为我国南方电网广域阻尼控制提供理论和技术支撑。

本项研究以及本书的出版获得了以下基金项目的支持，在此深表感谢：

·清华大学电力系统及大型发电设备安全控制与仿真国家重点实验室基金（项目号：SKLD20M17）

·北京建筑大学金字塔人才培养工程（项目号：JDYC20200324）

·北京建筑大学研究生教育教学质量提升项目（项目号：J2019001）

·北京建筑大学教育科学研究重点项目（项目号：Y19—12）

·北京建筑大学社会实践与创新创业课程项目（项目号：SJSC1913）

·国家自然科学基金委青年科学基金项目（项目号：51407201）

此外，在本书编写过程中我要感谢我的研究生尚伟鹏、路昊阳、杜蔚杰、李京霖以及张耀文同学的大力协助。

目　录

第 1 章
绪　　论

1.1　研究背景与研究意义

1.1.1　研究背景

　　电力系统安全与稳定运行是国家及人民用电的安全保证。在电网飞速发展取得经济效益的同时，因电网自身越来越高的复杂性，给电网的安全与稳定运行带来了较大的难题，如电力系统低频振荡现象等。若低频振荡问题严重，会威胁到电力系统的安全与稳定运行，是大规模互联电网所面临的典型挑战[1]。

　　低频振荡问题在电力系统分析中属于小干扰稳定分析范畴[2]，电网一旦发生低频振荡现象，如果电网系统缺乏足够的阻尼，将会引起电网系统的动态稳定性失衡，甚至发生整个电网系统的安全稳定事故[3,4]。在发电机运行的过程中，其转子运动的惯性时间常数很大，振荡频率很低，一般在 0.1~2.5Hz，所以称为低频振荡。低频振荡可以划分为互联系统区域间振荡和本地或区域内机组间振荡，目前，互联系统区域间低频振荡问题已成为提高电力系统稳定性的主要难题，严重限制了区域间电能输送容量及区内主要断面送电能力的提高。如果低频振荡现象持续时间较长，系统阻尼不够，整个电力系统的振荡将会发散，会给电网安全与稳定运行带来严重的威胁，甚至会发生大规模停电事故。

　　图 1-1 为美国西部电网一次事故中的实测功率曲线。从图 1-1 中可以看出，低频振荡一旦发生，如果不能有效地抑制，便会形成功率大幅度振荡，造成严重事故。低频振荡事故调研案例如表 1-1 所示。由表 1-1 可见，大电网中低频振荡事故具有一定的特性与规律，即频发性。随着电网复杂性的提高，分析低频振荡产生的原因，探究抑制低频振荡现象的方法，以采取相应的控制措施，才能有效地避免因低频振荡引发的事故，保证电网的安全与稳定运行。

1

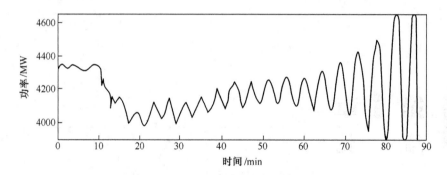

图 1-1 美国西部电网事故实测功率曲线

表 1-1 国内外典型低频振荡事故

事故系统	发生时间	事故系统	发生时间
日本东京系统	1987.07.23	中国南方电网	2005.05.13
美国西部电网	1996.08.10	中国蒙西电网相对华北主网	2005.09.01
中国四川电网	2001	中国南方电网	2006.08；2008.04
美加系统	2003.08.14	中国华中电网	2008.01.11

广域监测系统（Wide Area Measurement System，WAMS）可以很好地对低频振荡进行检测和控制，但是广域监测系统的广域信号是通过通信网络进行传输的，网络中的信号传输必然会产生通信时滞，通信时滞使得广域电力系统变成时滞电力系统，并且时滞常常会恶化电力系统控制效果。因此，时滞问题也成为电力系统广域阻尼控制的关键问题之一。

此外，电力系统广域阻尼控制器的数量和种类都在随着电网复杂性的提高而不断增加，而多个控制器之间又存在相互作用，我们称之为控制交互。从控制理论的角度来看，如果控制交互作用使电力系统性能得到了改善，就说该交互作用起到的是正作用；反之，如果控制交互作用使电力系统性能变差，则说明该交互作用起到的是负作用。正作用是电力系统控制期望的结果，为了消除或降低阻尼控制器之间的负作用，多个阻尼控制器之间的在线协调控制仍是电力系统控制的研究热点。

本书针对低频振荡现象，进一步研究通信时滞对电力系统安全与稳定运行的影响，实现多阻尼控制器之间的在线协调控制，从而对低频振荡的抑制、电力系统的稳定运行具有重要的研究价值。

1.1.2 研究意义

电网安全稳定运行是国民生产生活的重要保证，要想保证国民生产生活的稳定，给国家以及人民带来长远的利益，从电力系统的角度来看，就要抑制区域间低频振荡现象，保证电力系统的稳定运行，进而避免电网事故。

低频振荡如果得不到有效的抑制，很可能会引起大范围的停电事故。从表 1-1 就可以看出，低频振荡对电力系统的安全稳定运行以及各个地区都会带来严重的危害。抑制低频振荡现象，保证电力系统的稳定运行是需要解决的关键问题之一。

由于 WAMS 信号存在的通信时滞对阻尼控制器的设计和控制器参数的协调会产生不利的控制效果，会削弱整个电力系统的阻尼，严重影响电力系统的稳定性，因此，进一步研究时滞因素对电力系统稳定与控制的影响，对保证电力系统的稳定运行和控制器的协调具有重要的理论研究意义。

此外，多控制器在线协调控制是针对控制器间的交互作用来整定或设计多个控制器的参数，使多个控制器间的交互作用处于正作用效果，这样才能提高整个电力系统的阻尼，抑制低频振荡现象的发生。实现多个控制器之间的在线协调控制可以有效地抑制互联电网的低频振荡，对电网的发展具有重要理论指导价值。

因此，本书从电力系统实际问题出发，在电力系统低频振荡控制方面进行探索，对保证电力系统的稳定运行，具有重要的理论和实际意义。

1.2 国内外发展状况

1.2.1 电力系统广域阻尼控制研究现状

电网规模不断扩大，电力事业飞速发展，多干扰环境下交直流互联电力系统复杂性的提高对电力系统仿真的准确性提出了很高要求。由于电网结构、负荷潮流、发电机励磁控制等因素导致的阻尼不足形成了多干扰环境下的电力系统，可能导致多种主导振荡模式间消极的相互作用。因此，如何合理而高效地实现大规模电力系统的阻尼控制，减小电力系统区间低频振荡问题，便成为摆在电力工作者面前的重要课题。广域阻尼控制系统（Wide Area Damping Control Systems，WADCS）正是利用了 WAMS 的优势，将 WAMS 采集到的能反映低频振荡特性的广域信息作为反馈信号来改善电力系统性能及互联系统弱阻尼的特性，是逐渐发展的一项新技术[5]。

针对电力系统低频振荡现象，杨晓静等将广域阻尼控制器设计转换为控制器参数的最优设计问题[6]。刘学智等提出一种基于转子角及有功功率信号的电力系统广域阻尼控制器设计方法，该方法将转子角及有功功率信号作为控制环反馈信号[7]。李建等提出一种无模型自适应控制（Model Free Adaptive

Control，MFAC）算法，并给出了基于 MFAC 算法的控制器参数整定方法[8]。刘凯等提出一种鲁棒稳定性强的控制方法，该方法针对柔性直流电力系统低频振荡设计出一种可以有效抑制低频振荡的低阶控制器[9]。Reza 提出了一种使用逆滤波来抑制区域间低频振荡的广域阻尼控制方法，并进行了实例验证，有效地抑制了区域间的低频振荡[10]。Chaudhuri 等提出了一种自适应相量阻尼控制方法，通过调整相量提取旋转坐标并设计相应的时滞估计器，从而解决由时滞引起相位改变[11]。

上述广域阻尼控制方法对电网中低频振荡起到了有效的作用，但是上述各种控制方法均未考虑辨识误差的因素。针对多干扰环境下闭环电力系统的稳定与阻尼控制问题，应充分考虑辨识误差对电力系统的稳定带来的影响，才能有效地抑制电力系统低频振荡，保证电力系统的安全与稳定运行。

1.2.2　考虑时滞因素的电力系统广域阻尼控制研究现状

WAMS 广域信息在网络传输中的通信时滞使得电力系统成为时滞电力系统，从广域阻尼控制器设计和电力系统稳定性分析的角度看，由传输远方广域信号引起的时滞因素会导致电力系统阻尼下降和系统不稳定[12]。

针对电力系统传输中的通信时滞问题，江全元等设计了一种基于线性矩阵不等式（Linear Matrix Inequality，LMI）的可控串联电容补偿器（Thyristor Controlled Series Capacitor，TCSC）[13]，以此提高电力系统对时滞的不敏感度。传统控制器基于本地控制，时滞取值比较小，往往小于 10ms[14]，因此常规传统电力系统控制一般都忽略时滞环节。根据文献［17］和文献［18］可以得出时滞会影响霍普夫分岔（Hopf bifurcation）界面，并且鞍节分岔、霍普夫分岔和奇异诱导分岔三类分岔界面的闭包构成了小扰动稳定域边界[15, 16]，因此可得出通信时滞将影响电力系统的时滞稳定域。白碧蓉等设计出一种统一潮流控制器（Unified Power Flow Controller，UPFC）应用在不同时滞的电力系统上，以此来研究电力系统控制响应性能的改善情况[19]。基于线性矩阵不等式方法，常勇等提出一种考虑时滞的直流附加控制器，然后借助粒子群算法对控制器进行参数整定，从而设计出一种低阶控制器，该低阶控制器有良好的控制性能[20]。戚军等提出了一种基于状态观测理论的时滞阻尼控制器设计方法，对不同时滞下的仿真效果进行了对比，对比发现该时滞阻尼控制器设计方法能够有效地抑制电力系统低频振荡[21,22]。姚伟等提出了静止无功补偿器（Static Var Compensator，SVC）广域附加阻尼控制器的设计方法，该方法也将时滞考虑在内，设计了时滞阻尼控制器[23]。此外，李婷直接将时滞环节设计在电力系统模型中，并提出了一种电力系统稳定性判据，在时滞模型的基础之上设计出时滞控制模型[24]。古丽扎提·海拉提等也提出一种电力系统稳定性判据，该判据是在李雅普诺夫理论之上，建立了时滞广义 Hamilton 模型，实现了考虑时滞的反馈控制[25]。时滞会影响电力系统的可控性和可观性，并且时滞值对电力系统的动态响应也不一样，周一辰对此进行了相关研究，建立了时滞电力系统模型，可以分析时滞对电力系统可控性和可观性的影响[26]。Kamwa 等提出采用 Bang-Bang 控制方法来处理时滞问题，并得出连续调节控制器需要用全局信号来反馈的结论[27]。Zhang 等把时滞看作电力系统控制中的不确定性因素，提出一种基于建立期望模型的方法，通过期望模型的矩阵变换来计算考虑时滞广域测量系统的特征值，从而分析系统稳定性[5]。

在考虑时滞的传统广域阻尼控制器的设计过程中，大部分文献没有把时滞因素和辨识与控制一体化融合在一起，根据此类情况，本书提出一种考虑时滞因素迭代辨识的电力系统广域阻尼控制器设计方法来解决这个问题。

1.2.3 多阻尼控制器参数在线协调控制研究现状

目前，随着电力系统越来越复杂，电力系统控制器的种类也在不断增加，各种控制器对整个系统的阻尼控制产生的效果不一样，控制器参数如果整定不合适，就有可能降低系统的阻尼，影响控制效果，因此多控制器间的协调控制问题也成为一个研究热点。常见的多控制器的协调设计思想是同时协调多个控制器的参数，譬如采用遗传算法、粒子群算法、线性优化算法、混沌优化算法和模拟退火算法等[28-33]。

赵洋针对电力系统协调控制问题，提出一种"分解-协调"算法，利用新的控制结构可以对电力系统多个控制器进行协调控制[34]。对于两机电力系统稳定器（Power System Stabilizer, PSS）系统，卞海波设计了一种协调控制器，对其进行参数整定，可以提高协调能力[35]。为了实现发电机和高压直流输电系统之间的协调控制，张跃锋以单机无穷大系统为研究对象，提出了一种高压直流电（High-Voltage Direct Current, HVDC）与发电机协调的参数整定方法[36]。在分散控制的理论之上，毛纯纯提出了基于 Multiagent 结构的电力系统分散协调励磁控制方法[37]。马燕峰等提出一种优化方法，从最优控制环集合中寻找最适合电力系统控制的控制环[38]。高磊等提出一种将频域控制理论、专家控制理论和广域控制理论三者相结合的控制方法，以解决多柔性直流传输系统（Flexible AC Transmission Systems, FACTS）的控制交互问题[39]。张健南等提出了一种广域阻尼控制器参数协调优化方法，用于解决多控制器协调控制问题[40]。褚晓杰等提出了一种基于电力系统仿真设备平台的协调控制方法，用于解决多阻尼控制器的协调控制，并且通过实验仿真验证了该方法的有效性[41]。Falehi 等提出采用蚁群算法来对静止同步串联补偿器和电力系统稳定器之间的参数进行协调，从而更好地抑制区间模态低频振荡[42]。Molina 针对不同控制器间的协调优化问题，利用粒子群算法进行协调优化，将多个阻尼控制器的参数几乎同时进行参数协调优化[43]。Deng 等提出基于 BMI（Bilinear Matrix Inequalities）的多目标多模型系统方法对静态无功补偿控制器和可控串联补偿电容器协调优化，利用极点配置以及控制参数优化方法来设计满足控制效果的控制器[44]。国外学者们利用 BAB（Branch and Bound）方法来求解控制交互作用为正作用的控制环，从而达到多控制器在线协调的目的[45-53]。

在大规模电网的应用中，一般在使用优化算法进行参数优化前，需要先求出系统矩阵的所有特征值，然后再根据公式计算阻尼比，但是这一过程计算量很大且耗时耗力，这无疑增加了算法实现的难度。目前，学者们很少在算法设计上考虑参数计算量和快速全局寻优的因素。根据上述情况，本书提出一种基于球域结构人工免疫算法来在线协调优化多阻尼控制器参数，既可以减少计算量，又具有全局的搜索能力。

1.3 本章小结

针对电力系统区间低频振荡问题，本章首先对电力系统广域阻尼控制、考虑时滞的电力系统广域阻尼控制和电力系统控制器间的在线协调控制这三个研究方向进行了文献综述；其次指出了各个研究方向在当前电力系统稳定与控制发展下解决此类问题的不足之处；最后针对电力系统广域稳定与控制问题提出了展望性意见，指出了电力系统广域阻尼控制问题将要进一步解决和研究的问题。

全书技术路线如图 1-2 所示。

全书结构安排如下：

第 1 章：调研了电力系统广域阻尼控制、考虑时滞的电力系统广域阻尼控制和电力系统控制器间的在线协调控制三个研究方向的研究背景，指出了这三个研究方向的应用价值和实践意义。针对这三个研究方向提出在电力系统广域稳定与控制方面要解决的科学问题，调研了各个方面的研究现状以及各个研究方向的控制方法，提出了针对各个方面的解决方法。

第 2 章：研究了未考虑时滞的电力系统广域阻尼控制问题。在电力系统辨识与控制中存在模型辨识误差因素，且模型辨识误差因素给电力系统的辨识与广域阻尼控制带来了很大的难题，常常会恶化阻尼控制效果。本章针对此问题，首先建立了多干扰环境下电力系统闭环模型；其次基于递推最小二乘法和 Vinnicombe 距离理论提出了一种迭代辨识方法，该方法是辨识与控制一体化的方法，并给出方法实现的整个步骤；再次以四机两区系统模型为例

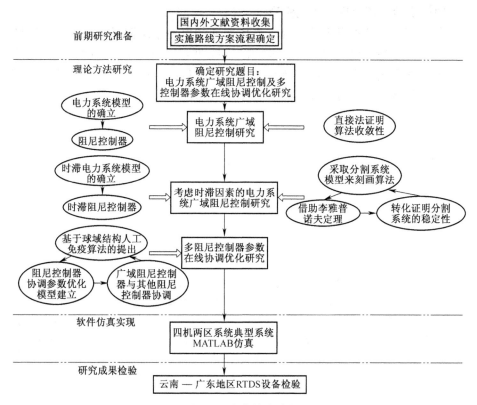

图 1-2 本书技术路线

进行了算例仿真；最后与龙格库塔方法进行了对比分析。

第 3 章：研究了考虑时滞因素的电力系统广域阻尼控制问题。在考虑模型辨识误差因素的基础之上，本章针对时滞（常数时滞和时变时滞）问题，首先建立电力系统闭环时滞模型；其次提出一种考虑时滞的电力系统迭代辨识广域阻尼控制器设计方法，其中状态反馈控制器和反馈增益矩阵分别用线性矩阵不等式和极点配置法来设计，以解决时滞电力系统阻尼控制问题；再次以四机两区系统为例进行算例仿真；最后在不同时滞下进行了对比分析。

第 4 章：研究了电力系统多阻尼控制器参数在线协调优化问题。针对此问题，本章首先给出多阻尼控制器参数在线协调优化模型；其次提出一种球域人工免疫算法来在线协调优化多阻尼控制器参数，该算法可以减少计算量，并且具有全局的搜索能力；再次以四机两区系统模型为例进行算例仿真；最后与动态指标优化方法进行了对比分析。

第 5 章：主要利用 RTDS 实验设备在云南—广东地区模型上对提出的算法和理论进行仿真检验。考虑模型辨识误差因素设计的广域控制器、本书提出的含时滞因素设计的广域阻尼控制器及球域人工免疫算法在线协调控制器都在 RTDS 实验设备上进行实验检验。

第 6 章：总结本书主要研究未考虑时滞的电力系统阻尼控制、考虑时滞的电力系统广域阻尼控制及控制器间的在线协调控制三个科学问题，并对未来新能源接入电网后低频振荡问题中可能亟待解决的问题进行了展望，为相关科研工作者和工程技术人员提供了研究的思路。

第2章
电力系统广域阻尼控制

随着电网规模的不断扩大和我国电力事业的飞速发展，大规模交直流互联电力系统日常运行的稳定性对电力系统仿真的准确性提出了很高要求。电网结构、负荷潮流、发电机励磁控制等因素导致电力系统呈现弱阻尼现象，因此，如何合理而高效地实现多干扰环境下电力系统的阻尼控制、抑制电力系统低频振荡现象，便成为摆在电力工作者面前的重要科学问题。

通常情况下，模型辨识过程中往往存在着辨识误差问题，而辨识误差会导致辨识出的模型参数不够准确，这会恶化电力系统阻尼控制器的控制效果。如图2-1所示，控制器应用于辨识模型和仿真系统时特征值偏差较大是由辨识误差因素引起的。

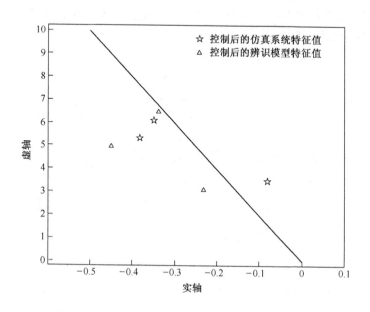

图2-1 控制器应用于辨识模型和仿真系统时的特征值效果

模型辨识过程可以将闭环系统进行开环辨识，但开环辨识有偏估计，只有在噪声水平较低的时候偏差才可以接受[54]，故本章针对多干扰环境电力系统采用闭环辨识方法进行辨识。本章通过考虑辨识集合的方式来处理辨识误差问题，一般方法是直接辨识出某一确定模型，本章方法是辨识出模型的一个集合 B，$B = \{G_0, G_1, \cdots, G_{n-1}, G_n\}$，从集合 B 中挑出 Vinnicombe 距离最小的模型 G_{opt}。

本章针对多干扰环境下电力系统广域阻尼控制中未考虑模型建模误差因素进行控制器设计问题，建立多干扰环境下电力系统闭环模型结构，然后考虑模型误差因素，基于递推最小二乘法[54]与 Vinnicombe 距离理论[55]，提出一种基于迭代辨识方法的阻尼控制器设计步骤，该方法充分考虑了辨识误差对电力系统广域阻尼控制带来的影响，能有效地抑制电力系统低频振荡，从而保证电力系统的安全与稳定运行。

2.1 系统模型与基本理论

2.1.1 多干扰环境电力系统模型建立

2.1.1.1 真实模型

参照电力系统的实际情况，构造多干扰环境下电力系统真实模型用于研究闭环电力系统辨识问题，如图 2-2 所示。在真实模型中，以 2 个干扰信号为例，以此模拟随机性质小幅扰动[60]。

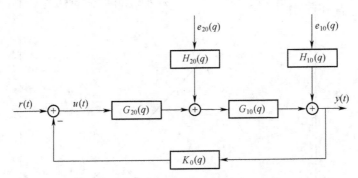

图 2-2 多干扰环境下电力系统真实模型

在图 2-2 中：$u(t)$ 和 $y(t)$ 分别表示被控系统输入、输出信号，其中 $t = 1, 2, \cdots$；$e_{10}(q)$ 和 $e_{20}(q)$（均值为零、方差分别为 λ_{10} 和 λ_{20}）分别表示随机干扰信号；$r(t)$ 表示外加参考信号；$G_{10}(q)$ 和 $G_{20}(q)$ 分别表示分被控系统模型；$H_{10}(q)$ 和 $H_{20}(q)$ 分别表示 $e_{10}(q)$ 和 $e_{20}(q)$ 的滤波器模型；$K_0(q)$ 表示

控制器；q 表示前移算子，满足 $qu(t) = u(t+1)$，$t = 1$，2，$\cdots$。

对于真实电力系统，闭环系统表达式可写为

$$y(t) = G_{10}(q)G_{20}(q)u(t) + H_{10}(q)e_{10}(t) + G_{10}(q)H_{20}(q)e_{20}(t)$$

其中
$$u(t) = -K_0(q)y(t) + r(t) \tag{2-1}$$

式（2-1）可进一步写为

$$y(t) = S_0(q)G_0(q)r(t) + S_0(q)H_0(q)e_0(t)$$
$$u(t) = S_0(q)r(t) - S_0(q)K_0(q)H_0(q)e_0(t) \tag{2-2}$$

其中
$$S_0(q) = [1 + G_0(q)K_0(q)]^{-1}$$

式中：$S_0(q)$ 为灵敏度函数；$G_0(q)$ 表示被控系统模型；$H_0(q)$ 表示 $e_0(t)$ 的滤波器模型。

2.1.1.2 辨识模型

本章采用图 2-3 所示的电力系统模型进行闭环辨识。

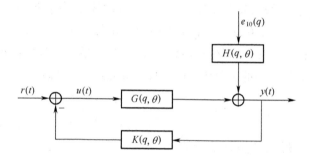

图 2-3　多干扰环境下电力系统辨识模型

在图 2-3 中，$u(t)$ 和 $y(t)$ 分别表示被控系统输入、输出信号，$t = 1$，2，$\cdots$；$e(q)$（均值为零，方差为 λ）表示随机干扰信号；$r(t)$ 表示外加参考信号；$G(q, \theta)$ 表示被控系统；$H(q, \theta)$ 表示干扰信号 $e(q)$ 的滤波器模型；$K(q, \theta)$ 表示控制器；θ 表示待辨识参数。具体的形式类似于真实电力系统式（2-2），写成如下形式：

$$y(t) = S(q, \theta)G(q, \theta)r(t) + S(q, \theta)H(q, \theta)e(t)$$
$$u(t) = S(q, \theta)r(t) - S(q, \theta)K(q, \theta)H(q, \theta)e(t) \tag{2-3}$$

其中
$$S(q, \theta) = [1 + G(q, \theta)K(q, \theta)]^{-1}$$

式中：$S(q, \theta)$ 为灵敏度函数，故式（2-3）可改写为

$$\begin{bmatrix} y \\ u \end{bmatrix} = \begin{bmatrix} \dfrac{G(q, \theta)}{1 + G(q, \theta)K(q, \theta)} & \dfrac{H(q, \theta)}{1 + G(q, \theta)K(q, \theta)} \\ \dfrac{1}{1 + G(q, \theta)K(q, \theta)} & -\dfrac{H(q, \theta)K(q, \theta)}{1 + G(q, \theta)K(q, \theta)} \end{bmatrix} \begin{bmatrix} r \\ e \end{bmatrix} \tag{2-4}$$

2.1.2 基本理论

2.1.2.1 Vinnicombe 距离[55]

Vinnicombe 距离是指两个频率响应间的距离，表示对两个传递函数之间距离的一种测量[55]，用符号 δ_v 表示。两个传递函数矩阵 G_1、G_2 的 Vinnicombe 距离表示为

$$\delta_v(G_1, G_2) = \begin{cases} \max_\omega \kappa [G_1(e^{j\omega}), G_2(e^{j\omega})], & \text{如果满足式}(2-6) \\ 1, & \text{否则} \end{cases} \quad (2-5)$$

$$(1 + G_1^* G_2)(e^{j\omega}) \neq 0, \ \forall \omega, \ \text{且} \ wno(1 + G_1^* G_2) + \eta(G_2) - \tilde{\eta}(G_1) = 0 \quad (2-6)$$

其中
$$G^*(e^{j\omega}) = G(e^{-j\omega})$$

在传递函数 G 的尼奎斯特曲线图中，沿着曲线图逆时针方向，所包围圆点的圈数记为 $wno(G)$。G 的开环右半平面极点数记为 $\eta(G)$，G 的闭环右半平面极点数记为 $\tilde{\eta}(G)$。在单位黎曼球面上，G_1、G_2 向单位黎曼球面投影得到两个投影点，两个投影点间的弦距离（Chordal distance）记为 $\kappa(G_1, G_2)$ [55]。

$$\kappa[G_1(e^{j\omega}), G_2(e^{j\omega})] = \frac{|G_1(e^{j\omega}) - G_2(e^{j\omega})|}{\sqrt{1 + |G_1(e^{j\omega})|^2} \sqrt{1 + |G_2(e^{j\omega})|^2}} \quad (2-7)$$

2.1.2.2 频域稳定裕度基本理论

（1）频域稳定裕度的计算方法[56]

在图 2-2 中，稳定的闭环系统 $[G, K]$ 频率稳定裕度用 b 表示，有很多在估计误差边界上估计频率稳定裕度的方法[56]，其中一种方法就是直接利用式（2-8）计算：

$$b(G_i, K_i) = \frac{1}{\| T(G_i, K_i) \|_\infty} \quad (2-8)$$

其中
$$T(G_i, K_i) = \begin{bmatrix} \dfrac{G_i}{1 + G_i K_i} & \dfrac{H_0}{1 + G_i K_i} \\ \dfrac{1}{1 + G_i K_i} & -\dfrac{H_0 K}{1 + G_i K_i} \end{bmatrix} \quad (2-9)$$

如果 $[G, K]$ 不稳定，则 $b_{GK} = 0$。

（2）频域稳定裕度与 Vinnicombe 距离的关系[56]

定理 2.1 假设第 i 次辨识得到的不确定性集合为 B_i，标称模型记为 G_i，

如果控制器 K_{i+1} 可以使模型 G_i 稳定，并且满足式（2-10）：

$$b_{G_i K} > \delta_{WC}(G_i, B_i) \qquad (2\text{-}10)$$

则 K_{i+1} 能够保证可以使 B_i 内所有模型稳定，其中 $\delta_{WC}(G_i, B_i) = \max\limits_{G_x \in B_i} \delta_v(G_i, G_x)$ 可以利用凸优化的方法计算[57]。

2.2　基于迭代辨识方法的广域阻尼控制器设计

2.2.1　广域阻尼控制器性能改善的计算方法

在电力系统闭环迭代辨识过程中，如果电力系统性能不满足式（2-10），则需进行广域阻尼控制器的性能改善，阻尼控制器性能改善方法见**定理 2.2**。

定理 2.2　若满足条件 $|P| \leqslant \rho$，$\rho(|P|\xi_1 + \xi_2) < 1$，且 P 为一个单输入单输出传递函数，那么控制器性能改善公式为

$$K_{i+1} = \frac{1}{G_i}\{(S_i + S_i^*)^{-1}P^{-1} - 1\} \qquad (2\text{-}11)$$

其中　　　　　　$S_i = (1 + G_i K_i)^{-1}$，$S_i^* = (1 + G_i K_i^*)^{-1}$

并令 $T^* = T(G_i, K_i^*)$，$\delta_{WC}(G_i, B_i) = \rho$，$\|T(G_i, K_i) - T^*\|_\infty = \xi_1$，$\|T(G_i, K_i)\|_\infty = \xi_2$，$T(G_i, K_{i+1}) = P[T^* + T(G_i, K_i)]$。

证明： 根据已知条件 $|P| \leqslant \rho$ 和 $\rho(|P|\xi_1 + \xi_2) < 1$，可得

$$\delta_{WC}(G_i, B_i)\{\|T(G_i, K_i)\|_\infty + |P|\|T(G_i, K_i) - T^*\|_\infty\} \leqslant 1 \qquad (2\text{-}12)$$

又因为

$$\|PT^* + (1 - P)T(G_i, K_i)\|_\infty \leqslant$$
$$\|T(G_i, K_i)\|_\infty + |P|\|T(G_i, K_i) - T^*\|_\infty \qquad (2\text{-}13)$$

所以 $\delta_{WC}(G_i, B_i) \cdot \|PT^* + PT(G_i, K_i)\|_\infty \leqslant 1$，即 $\|PT^* + PT(G_i, K_i)\|_\infty^{-1} \geqslant \delta_{WC}(G_i, B_i)$，再根据式（2-8）可得

$$b_{G_i K_{i+1}} = \frac{1}{\|T(G_i, K_{i+1})\|_\infty} = \|PT^* + PT(G_i, K_i)\|_\infty^{-1} \qquad (2\text{-}14)$$

因此有 $b_{G_i K_{i+1}} \geqslant \delta_{WC}(G_i, B_i)$，再由已知条件 $T(G_i, K_{i+1}) = PT^* + PT(G_i, K_i) = P[T^* + T(G_i, K_i)]$ 可得

$$\frac{1}{1 + G_i K_{i+1}} = P\left(\frac{1}{1 + G_i K_i^*} + \frac{1}{1 + G_i K_i}\right) \qquad (2\text{-}15)$$

从而得到控制器性能改善公式为

$$K_{i+1} = \frac{1}{G_i}\{(S_i + S_i^*)^{-1}P^{-1} - 1\} \qquad (2-16)$$

定理证毕。

2.2.2 电力系统稳定条件

本章用 $\parallel T(B_i, K_i) \parallel_\infty$ 的逆来估计 $\hat{b}(G, K_i)$ 的值[58]，为了便于研究，我们引入频率稳定裕度安全因子 $k[k \in (0, 1)]$ 来解释说明 $\hat{b}(G, K_i)$，用频率稳定裕度安全因子 k 来表示频率稳定裕度与 Vinnicombe 距离之间的关系程度，从而衡量闭环电力系统稳定性能。

定理 2.3 考虑两个稳定的闭环"系统模型-控制器模型"对 (G_1, K) 和 (G_2, K)，若满足条件

$$|b(G_1, K) - b(G_2, K)| \le \delta_v(G_1, G_2) \qquad (2-17)$$

那么有

$$\delta_v(G, B_i) < k^2 b(B_i, K_i), \ k \in (0, 1) \qquad (2-18)$$

其中，式（2-18）用来保证频率稳定裕度，可以使电力系统模型 G 稳定，从而保证设计控制器的有效性。

证明：假设存在一个常数 ε，使得

$$\parallel T(B_i, K_i) - T(B_{i+1}, K_i) \parallel < \varepsilon \qquad (2-19)$$

$$\begin{aligned}|b(G_1, K) - b(G_2, K)| &\le \delta_v(G_1, G_2) \\ &\le \parallel T(G_1, K) - T(G_2, K) \parallel_\infty \\ &\le \frac{\delta_v(G_1, G_2)}{b(G_1, K)\,b(G_2, K)} \end{aligned} \qquad (2-20)$$

因此可得

$$|b(B_i, K_i) - b(B_{i+1}, K_i)| \le \varepsilon \Rightarrow$$

$$b(B_i, K_i) > b(B_{i+1}, K_i) - \varepsilon = k^2 b(B_{i+1}, K_i) \quad k \in (0, 1) \quad (2-21)$$

从而可得

$$\delta_v(G, B_i) < k^2 b(B_i, K_i) \quad k \in (0, 1) \qquad (2-22)$$

由于 $b(B_{i+1}, K_{i+1})$ 是已知的，B_{i+1} 和 K_i 也是已知的，可用 $\hat{b}(G, K) = b(B_{i+1}, K_{i+1})$ 作为 $b(G, K)$ 的估计值，用 ε 来表示其误差，衡量闭环系统稳定性能。本章通过另一个方式，即引进一个频率稳定裕度安全因子 k 来反映频率稳定裕度与 Vinnicombe 距离之间的关系，以此来衡量闭环系统稳定性能。如果 B_{i+1} 是从当前闭环系统 $[G, K]$ 的闭环数据中得到的新的模型，且 K_{i+1} 可以使 B_{i+1} 稳定，并且满足**定理 2.3** 的已知条件，那么对于任意模型 B_{i+1} 满足式（2-22），可用来保证频率稳定裕度，可以使真实对象 G 稳定。

定理证毕。

2.2.3　基于迭代辨识方法的广域阻尼控制器设计步骤

基于上述相关基本理论和定理，本书提出基于迭代辨识方法的阻尼控制器设计步骤流程图如图 2-4 所示，具体的迭代辨识方法步骤如下：

第一步：给定降阶后开环电力系统模型 G，模型降阶过程采用基于模型定阶的电力系统低频振荡模式类噪声信号在线辨识方法[60]，即先进行模型参数估计，然后进行响应的模型定阶准则检验，反复循环，一直到模型的参数通过模型定阶准则检验，从而得到降阶的电力系统模型[16]，再根据电力系统闭环稳定性条件 $1+GK=0$ 求解初始控制器模型 K。

第二步：基于递推最小二乘法理论，对降阶模型 G 进行闭环辨识[54,59]，得到降阶模型 G 的不确定性集合 B_i。

第三步：根据 Vinnicombe 的相关理论，利用式（2-7）求取标称模型 G_i 与 B_i 间的 Vinnicombe 距离 $\delta_v(G_i, B_i)$，并依次求取基于标称模型 G_i 的最大距离 $\delta_{WC}(G_i, B_i)$。

第四步：根据式（2-8）计算得到 G_i 与 B_i 对应的 K_i 的频率稳定裕度 $b(G_i, K_i)$。

第五步：将频率稳定裕度 $b(G_i, K_i)$ 与距离 $\delta_{WC}(G_i, B_i)$ 进行比较，筛选出满足 $b(G_i, K_i) > \delta_{WC}(G_i, B_i)$ 的集合。若不满足，则令 $K_i^* = K_{op}$，$T^* = T(G_i, K_i^*)$，根据**定理 2.2**，得到控制器 $K_{i+1} = G_i^{-1}\{(S_i + S_i^*)^{-1}P^{-1} - 1\}$。

第六步：根据第三步和第四步得到的 $\delta_v(G, B_i)$ 和 $b(G_i, K_i)$，判断是否满足公式

$$| \delta_v(G, B_i) - \delta_v(G_i, B_i) | \leqslant 0.05 \qquad (2-23)$$

（判断两个距离之间的差值是不是在误差 0.05 以内，此差值越小则说明辨识的精度越来越高）

和
$$\delta_{vmin}(G, B_i) \leqslant 0.05 \qquad (2-24)$$

（将距离控制在 0.05 之内，此值越小则说明最终辨识得到的模型 G_{op} 越能逼近于降阶模型 G）

若满足条件则程序结束，输出最小距离及对应的 K_{op}；若不满足条件，则返回第三步重新辨识。辨识精度值既要保证每次辨识过程中精度在提高，也要保证在此精度以内可以辨识到有效模型，并结合 Vinnicombe 距离多次辨识结果的数据统计分析，最终确定辨识精度值大小，辨识精度值可根据辨识情况而改变。

第七步：根据最终得到的模型 G_{op} 及对应的模型 K_{op}，分别计算 $b(G_{op}, K_{op})$ 和 $\delta_v(G, G_{op})$，判断是否满足闭环稳定性能 $\delta_v(G, G_{op}) < k^2 b(G_{op}, K_{op})$，

$k \in (0, 1)$。若不满足，则返回第二步进行重新辨识。

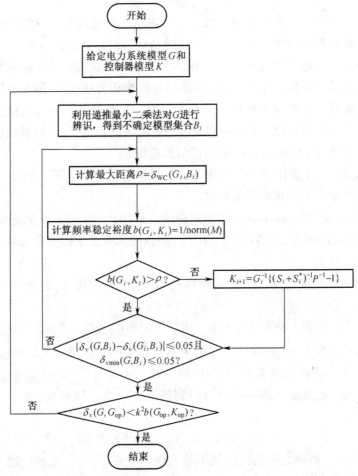

图 2-4　基于迭代辨识方法的广域阻尼控制器设计流程

2.3　算法收敛性分析

2.3.1　系统模型状态空间模型

将电力系统模型表达为状态空间模型形式，以便讨论算法的收敛性。

给定初始电力系统模型状态空间表达式如下：

$$x_{\text{d}}(t + 1) = Ax_{\text{d}}(t) + Bu_{\text{d}}(t)$$
$$y_{\text{d}}(t) = Cx_{\text{d}}(t)$$

$$(2-25)$$

辨识电力系统模型状态空间表达式如下:

$$x_k(t+1) = Ax_k(t) + Bu_k(t)$$
$$y_k(t) = Cx_k(t)$$

$$(2-26)$$

2.3.2 迭代辨识算法收敛性基本思想

迭代辨识算法就是要寻找输入序列 $u_k(t)$,使被控系统对象的输出 $y_k(t)$ 随着时间的推移,实现对期望输出 $y_d(t)$ 的零误差跟踪,即

$$\lim_{k \to \infty} \| y_k(t) - y_d(t) \| = 0 \qquad (2-27)$$

迭代辨识算法控制律:

$$u_{k+1}(t) = u_k(t) + \beta_{k+1}(t)e_k(t+1) \qquad (2-28)$$

式中: $\beta_{k+1}(t)$ 是学习增益参数。

最优学习增益参数由如下目标判据得出:

$$\beta_{k+1}^* = \arg \min(J)$$
$$J(\beta_{k+1}) = \| e_{k+1} \|^2 + w\beta_{k+1}^T \beta_{k+1}, \ w > 0$$

$$(2-29)$$

其中 $$\beta_{k+1} = [\beta_{k+1}(0), \ \beta_{k+1}(1), \ \cdots, \ \beta_{k+1}(N-1)]^T \qquad (2-30)$$

系统式 (2-26) 的 $k+1$ 次迭代模型为

$$x_{k+1}(t+1) = Ax_{k+1}(t) + Bu_{k+1}(t)$$
$$y_{k+1}(t) = Cx_{k+1}(t)$$

$$(2-31)$$

式 (2-31) -式 (2-26) 得

$$\Delta x_{k+1}(t+1) = A\Delta x_{k+1}(t) + B\Delta u_{k+1}(t) = A\Delta x_{k+1}(t) + Be_{k+1}(t+1)\beta_{k+1}(t)$$

$$(2-32)$$

及

$$-\Delta e_{k+1}(t) = C\Delta x_{k+1}(t) = A\Delta x_{k+1}(t-1) + CBe_k(t)\beta_{k+1}(t-1)$$

$$(2-33)$$

其中
$$\Delta x_{k+1}(t) = x_{k+1}(t) - x_k(t)$$
$$\Delta u_{k+1}(t) = u_{k+1}(t) - u_k(t)$$
$$\Delta e_{k+1}(t) = e_{k+1}(t) - e_k(t)$$

$$(2-34)$$

根据式 (2-31) 和式 (2-32) 得到

$$-\Delta e_{k+1}(t) = \Lambda_k \beta_{k+1} \qquad (2-35)$$

其中 $$\Lambda_k = \begin{bmatrix} CBe_k(1) & 0 & \cdots & 0 \\ CABe_k(1) & CBe_k(2) & \cdots & 0 \\ \vdots & \vdots & & \vdots \\ CA^{N-1}Be_k(1) & CA^{N-2}Be_k(2) & \cdots & CBe_k(N) \end{bmatrix} \qquad (2-36)$$

将式（2-35）代入式（2-29）中，取 $\partial J(\beta_{k+1})/\partial\beta_{k+1} = 0$ 得到最优解 β_{k+1}^{*} 满足式（2-37）：

$$(wI + \Lambda_k^{\mathrm{T}}\Lambda_k)\beta_{k+1}^{*} = \Lambda_k^{\mathrm{T}}e_k \tag{2-37}$$

因此，

$$\beta_{k+1}^{*} = (wI + \Lambda_k^{\mathrm{T}}\Lambda_k)^{-1}\Lambda_k^{\mathrm{T}}e_k \tag{2-38}$$

2.3.3 收敛性定理

本章提出的迭代辨识算法具有全局收敛性，满足以下三个定理（定理 **2.4**、定理 **2.5** 和定理 **2.6**）。

定理 2.4 若电力系统广域阻尼控制迭代辨识算法全局收敛，则满足：

$$\frac{\|G - G_{k+1}\|}{\sqrt{1 + \|G\|^2}\sqrt{1 + \|G_{k+1}\|^2}} \leqslant \frac{\|G - G_k\|}{\sqrt{1 + \|G\|^2}\sqrt{1 + \|G_k\|^2}}$$

证明：由于

$$\frac{\|G - G_{k+1}\|}{\sqrt{1 + \|G\|^2}\sqrt{1 + \|G_{k+1}\|^2}}$$

$$\leqslant J(\beta_{k+1}^{*}) = \frac{\|G - G_{k+1}\|}{\sqrt{1 + \|G\|^2}\sqrt{1 + \|G_{k+1}\|^2}} + w\ \|\beta_{k+1}^{*}\|^2$$

$$\leqslant J(0) = \frac{\|G - G_k\|}{\sqrt{1 + \|G\|^2}\sqrt{1 + \|G_k\|^2}} \tag{2-39}$$

进而得到

$$\frac{\|G - G_{k+1}\|}{\sqrt{1 + \|G\|^2}\sqrt{1 + \|G_{k+1}\|^2}} \leqslant \frac{\|G - G_k\|}{\sqrt{1 + \|G\|^2}\sqrt{1 + \|G_k\|^2}} \tag{2-40}$$

定理证毕。

定理 2.5 若电力系统广域阻尼控制迭代辨识算法全局收敛，则满足：$\lim\limits_{k\to\infty}\beta_{k+1} = 0$。

证明：由定理 **2.4** 证明过程中不等式得

$$w\ \|\beta_{k+1}^{*}\|^2 \leqslant \frac{\|G - G_k\|}{\sqrt{1 + \|G\|^2}\sqrt{1 + \|G_k\|^2}} - \frac{\|G - G_{k+1}\|}{\sqrt{1 + \|G\|^2}\sqrt{1 + \|G_{k+1}\|^2}} \tag{2-41}$$

令 $e_k = \|G - G_k\|\left(\sqrt{1 + \|G\|^2}\sqrt{1 + \|G_k\|^2}\right)^{-1}$，因此有

$$w\ \|\beta_{k+1}^{*}\|^2 \leqslant e_k - e_{k+1} \tag{2-42}$$

分别将 $k=0$，$k=1$，…，$k=k$ 写出来得到：

$$k = 0 \quad w \parallel \beta_1^* \parallel^2 \leqslant e_0 - e_1,$$
$$k = 1 \quad w \parallel \beta_2^* \parallel^2 \leqslant e_1 - e_2,$$
$$k = 2 \quad w \parallel \beta_3^* \parallel^{2'} \leqslant e_2 - e_3, \qquad (2\text{-}43)$$
$$\vdots$$
$$k = k \quad w \parallel \beta_k^* \parallel^2 \leqslant e_k - e_{k+1}$$

不等式两边相加得到：

$$w \sum_{k=0}^{\infty} \parallel \beta_{k+1}^* \parallel^2$$

$$\leqslant e_k - e_{k+1} = \frac{\parallel G - G_k \parallel}{\sqrt{1 + \parallel G \parallel^2}\sqrt{1 + \parallel G_k \parallel^2}} - \frac{\parallel G - G_{k+1} \parallel}{\sqrt{1 + \parallel G \parallel^2}\sqrt{1 + \parallel G_{k+1} \parallel^2}} = c$$

$$(2\text{-}44)$$

进而证明 $\{\parallel \beta_{k+1}^* \parallel^2\}$ 是收敛的，根据收敛性理论，因此得出

$$\lim_{k \to \infty} \beta_{k+1} = 0 \qquad (2\text{-}45)$$

定理证毕。

定理 2.6　若迭代辨识算法全局收敛，则满足

$$\lim_{k \to \infty} \frac{\parallel G - G_k \parallel}{\sqrt{1 + \parallel G \parallel^2}\sqrt{1 + \parallel G_k \parallel^2}} = 0$$

证明：由**定理 2.5** 可知 $\lim\limits_{k \to \infty} \beta_{k+1} = 0$，由式（2-37）得

$$\lim_{k \to \infty} \Lambda_k^{\mathrm{T}} e_k = 0 \qquad (2\text{-}46)$$

取 $\Lambda_k^{\mathrm{T}} e_k = \phi_k = [\phi_1^k, \phi_2^k, \cdots, \phi_N^k]^{\mathrm{T}}$，根据式（2-33）可得

$$\phi_N^k = B_k^{\mathrm{T}}(N-1)C^{\mathrm{T}} e_k(N) = B^{\mathrm{T}}C^{\mathrm{T}} e_k^2(N) \qquad (2\text{-}47)$$

由**定理 2.4** 及式（2-37）得

$$\lim_{k \to \infty} \Lambda_k^{\mathrm{T}} e_k = \lim_{k \to \infty} \phi_k = \lim_{k \to \infty} [\phi_1^k, \phi_2^k, \cdots, \phi_N^k]^{\mathrm{T}} = 0 \qquad (2\text{-}48)$$

所以，$\lim\limits_{k \to \infty} \phi_N^k = \lim\limits_{k \to \infty} B^{\mathrm{T}}C^{\mathrm{T}} e_k^2(N)$，且 $CB \neq 0$，因此 $B^{\mathrm{T}}C^{\mathrm{T}} = (CB)^{\mathrm{T}} \neq 0$，故有

$$\lim_{k \to \infty} e_k(N) = 0 \qquad (2\text{-}49)$$

对于 ϕ_{N-1}^k，根据式（2-47）有

$$\phi_{N-1}^k = B_k^{\mathrm{T}}(N-2)A^{\mathrm{T}}C^{\mathrm{T}} e_k(N) + B_k^{\mathrm{T}}(N-2)C^{\mathrm{T}} e_k(N-1)$$
$$= B^{\mathrm{T}}A^{\mathrm{T}}C^{\mathrm{T}} e_k(N-1)e_k(N) + B^{\mathrm{T}}C^{\mathrm{T}} e_k^2(N-1) \qquad (2\text{-}50)$$

根据 $\lim\limits_{k \to \infty} \phi_N^k = 0$ 得 $B^{\mathrm{T}}A^{\mathrm{T}}C^{\mathrm{T}} e_k(N-1)e_k(N) + B^{\mathrm{T}}C^{\mathrm{T}} e_k^2(N-1) = 0$，又根据 $\lim\limits_{k \to \infty} e_k(N) = 0$，$B^{\mathrm{T}}C^{\mathrm{T}} = (CB)^{\mathrm{T}} \neq 0$ 可得 $\lim\limits_{k \to \infty} e_k(N-1) = 0$。从而依次可得

$$\lim_{k \to \infty} e_k(N) = \lim_{k \to \infty} e_k(N-1) = \lim_{k \to \infty} e_k(N-2) = \cdots = \lim_{k \to \infty} e_k(1) = 0$$

$$(2-51)$$

因此可证：

$$\lim_{k \to \infty} e_k = 0 \qquad (2-52)$$

即

$$\lim_{k \to \infty} \frac{\| G - G_k \|}{\sqrt{1 + \| G \|^2} \sqrt{1 + \| G_k \|^2}} = 0 \qquad (2-53)$$

定理证毕。

该算法具有收敛性，须满足以上三个定理。根据**定理 2.4** 及**定理 2.5** 可证明**定理 2.6**，由以上定理可以得出结论：在随着迭代次数趋向于无穷大的前提下，G 与 B_i 间的 Vinnicombe 距离是不断减小的，算法的收敛性衡量因子误差是趋向于零的。

综上所述，该算法满足以上三个定理，从理论上可以证明该迭代辨识算法是收敛的。

2.4 四机两区域系统算例验证

以四机两区域系统作为算例仿真验证模型，如图 2-5 所示。

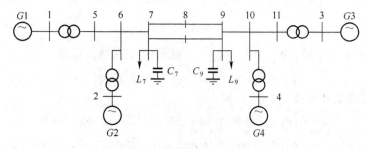

图 2-5 四机两区域系统模型

依据图 2-5，干扰信号 $e(t)$ 选择白噪声信号（均值为 0，方差为 1），采样时间 $T = 0.1s$；辨识激励信号 $r(t)$ 选择为伪随机二进制序列 PRBS 信号，$e(t)$ 和 $r(t)$ 如图 2-6 所示，它们均是本地信号，控制器装在图 2-5 中的 2 号机上。

根据本章算法第一步，首先给定降阶后电力系统辨识模型 G，模型 G 可由文献 [60] 得到，然后根据系统稳定性理论计算初始控制器模型 K。本书中采用四机两区系统降阶后的三阶传递函数为

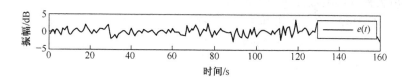

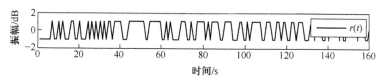

图 2-6 模型辨识信号

$$G = \frac{z^2 + 3z + 2}{z^3 + 5z^2 + 5.25z + 5} \tag{2-54}$$

以该模型作为电力系统初始对象模型。那么，基于模型传递函数的初始控制器模型为

$$K = \frac{-0.2797z^2 + 0.1336z - 0.0606}{z^3 + 0.5430z^2 - 0.5078z - 0.0098} \tag{2-55}$$

2.4.1 电力系统最优辨识参数

在完成本章提出的迭代辨识方法步骤后，可以得到电力系统最优参数估计结果，如图 2-7 所示。

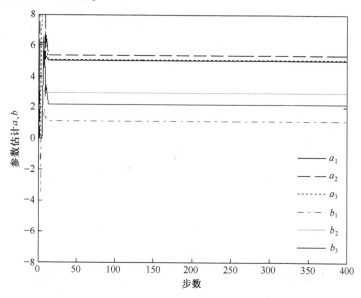

图 2-7 基于递推最小二乘法电力系统最优参数估计结果

电力系统模型最优辨识参数为

a_1: 5.0142 b_1: 1.0835

a_2: 5.3237 b_2: 2.9540

a_3: 5.0670 b_3: 2.1717

其中，$a_1 \sim a_3$、$b_1 \sim b_3$是指辨识模型传递函数中分母分子变量前的系数。因此，最优电力系统模型和最优阻尼控制器模型可表示如下：

$$G_{op} = \frac{1.0835z^2 + 2.9540z + 2.1717}{z^3 + 5.0142z^2 + 5.3237z + 5.0670} \tag{2-56}$$

$$K_{op} = \frac{-0.3137z^2 + 0.1403z - 0.0344}{z^3 + 0.6161z^2 - 0.5109z - 0.0730} \tag{2-57}$$

经过计算得到的 $\delta_{vmin}(G, B_i) = 0.0106 < 0.05$，这说明采用本章提出的方法辨识后得到的结果满足电力系统精度性能的要求。

2.4.2　辨识电力系统模型与初始给定对象模型伯德图

基于递推最小二乘法得到的辨识电力系统模型与初始给定对象模型的伯德图，如图2-8所示。

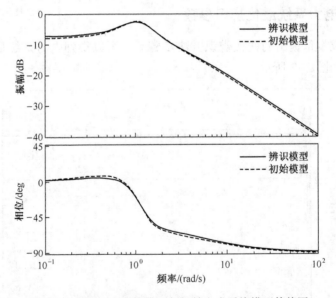

图2-8　辨识电力系统模型与初始电力系统模型伯德图

从图2-8中可以看出，仿真得到的最终三阶辨识电力系统模型与初始三阶电力系统模型伯德图曲线非常接近，这说明最终辨识得到的三阶电力系统模型与初始给定的三阶电力系统模型逼近程度较高。

2.4.3　电力系统阶跃响应

基于本章迭代辨识方法的电力系统阶跃响应结果如图 2-9（a）所示。使用文献［55］中传统迭代辨识方法阶跃响应的结果如图 2-9（b）所示。

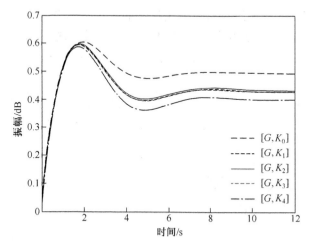

（a）基于本书迭代辨识方法电力系统阶跃响应

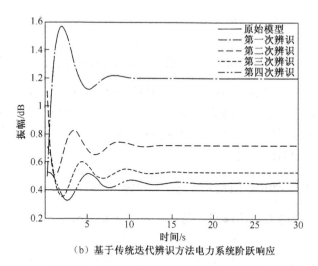

（b）基于传统迭代辨识方法电力系统阶跃响应

图 2-9　不同迭代辨识方法阶跃响应对比

由图 2-9 可知，在相同激励条件下，辨识次数变化，得到的电力系统模型参数也在变化，在不同控制器作用下电力系统阶跃响应是不同的。使用本章提出的迭代辨识方法，最接近初始给定电力系统模型响应，振幅为0.427dB，响应时间在 11s 左右；而由文献［55］中传统迭代辨识方法经过四次迭代辨识后得到的响应振幅为 0.4512dB，响应时间在 20s 左右。因此，本章所述方法在振幅上有所减小，而且电力系统趋于稳定的时间减少了一半左右。

2.4.4　电力系统转子角振荡曲线

将本章提出的利用迭代辨识方法设计的阻尼控制器与文献［61］中分数阶自抗扰广域阻尼控制器进行仿真对比，电力系统转子角振荡控制曲线如图 2-10 所示。此时干扰信号也是白噪声信号（均值为 0，方差为 1）。

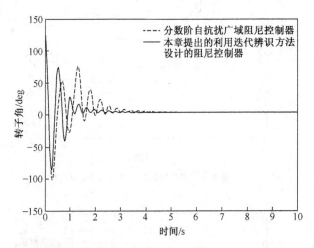

图 2-10　两种不同阻尼控制器对电力系统转子角振荡控制曲线

从图 2-10 中可以明显看出，加入阻尼控制器之后电力系统的转子角振荡曲线振幅及趋于平稳的时间都很小，文献［61］方法趋于平稳时间在 20s 左右，而使用本章提出方法趋于平稳时间在 10s 左右，这体现了本章所述方法设计的阻尼控制器的有效性和快速性。

2.4.5　Vinnicombe 距离动态关系曲线

降阶后闭环电力系统模型 G 与不确定性模型集合 B_i 之间的 Vinnicombe 距离动态关系曲线如图 2-11 所示。

图 2-11 表示的是一个动态的 Vinnicombe 距离曲线，它反映了电力系统降阶模型 G 与在考虑模型误差因素在内的不确定模型集合 B_i 之间距离在迭代辨识过程中实时变化的关系，也从另一方面表明未考虑模型误差因素给控制器设计带来的弊端。图 2-11 表明从第一次辨识开始到最后一次辨识结束时得到的辨识模型与 G 之间的距离越来越小，最终 G 与 B_i 之间的 Vinnicombe 距离固定在 0.01059，而且此时频率稳定裕度 0.1124>0.01059。因此说明，根据此

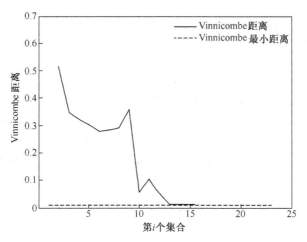

图 2-11　G 与 B_i 间的 Vinnicombe 距离动态关系

时电力系统辨识模型设计得到的阻尼控制器模型也是可以使初始电力系统模型 G 稳定的，也说明辨识电力系统模型与初始电力系统模型 G 逼近度是相当高的。根据频率稳定裕度基本理论及电力系统模型辨识参数结果，在使用本章提出的一种迭代辨识方法进行迭代辨识过程中，可以得到各辨识参数数据组对应的频率稳定裕度及模型之间 Vinnicombe 距离值的动态关系，如表 2-1 所示。

表 2-1　各辨识参数数据对应的频率稳定裕度及 Vinnicombe 距离值

组　别	第 1 组	第 2 组	第 3 组	第 4 组	第 5 组	第 6 组
频率稳定裕度	0.0424	0.0263	0.0413	0.0322	0.1278	0.1273
Vinnicombe 距离	0.2782	0.2828	0.2922	0.3589	0.0555	0.1055
组　别	第 7 组	第 8 组	第 9 组	第 10 组	第 11 组	第 12 组
频率稳定裕度	0.1328	0.1118	0.1130	0.1130	0.1124	0.1124
Vinnicombe 距离	0.0517	0.0118	0.0124	0.0125	0.0106	0.0106

从表 2-1 中可以看出，辨识参数数据从第 5 组开始，频率稳定裕度大于模型之间的 Vinnicombe 距离，从而可以进一步按照步骤确定最终得到的最优对象模型 G_{op} 及最优控制器模型 K_{op}，所以有

$$\hat{b}(G,\ K) = b(G_{op},\ K_{op}) = 0.1124 \tag{2-58}$$

$$\delta_v(G,\ G_{op}) = 0.0106 \tag{2-59}$$

$$k^2 = \frac{\delta_v(G,\ G_{op})}{b(G_{op},\ K_{op})} = 0.0943 \tag{2-60}$$

此时 $k = 0.3$，$k \in (0,\ 1)$，足以证明最终得到的闭环系统是稳定的。从而可以保证四机两区系统低频振荡得以稳定控制。同时，从距离的动态关系可以看出该算法是全局收敛的。

2.5　本章小结

　　针对辨识误差因素给多干扰环境电力系统的辨识与控制带来的难题，本章提出一种迭代辨识方法，并给出整个方法实现步骤。该方法可以实时辨识出最优电力系统辨识模型和最优广域阻尼控制器模型，并与文献中的传统迭代辨识方法和广域阻尼控制器进行了比较，在四机两区上进行了仿真验证。仿真结果表明，该方法得到的结果辨识误差较小，辨识电力系统模型与初始电力系统模型的逼近程度较高。本章提出的方法得到系统响应振幅为0.427dB，响应时间在11s左右，比传统迭代辨识法在振幅上有所减少，趋于稳定的时间减少了一半左右，对电力系统的转子角振荡控制趋于平稳时间在10s左右。因此，本章提出的方法可以实现电力系统辨识与控制，能有效地抑制多干扰环境下电力系统的低频振荡。

　　本章研究了基本的电力系统广域阻尼控制，设计了考虑辨识误差因素的阻尼控制器，但未考虑时滞因素的影响，第三章将在第二章辨识误差因素的基础上，进一步提出一种考虑辨识误差因素的时滞广域阻尼控制器算法。

第3章
考虑时滞因素的电力系统广域阻尼控制

电力系统广域信息在网络传输中的通信时滞使得广域电力系统变成时滞电力系统，时滞因素将会降低系统稳定性，甚至造成电力系统失稳。从广域阻尼控制器设计和电力系统稳定性分析的角度看，由传输远方广域信号引起的时滞因素会导致电力系统阻尼下降和系统不稳定。

模型的辨识存在着误差问题，而模型辨识误差会导致模型参数不够准确，不能确保电力系统时滞阻尼控制器的控制效果。在传统考虑时滞的阻尼控制器设计过程中，未考虑通信时滞下电力系统模型辨识误差因素。因此，根据上述问题，本章提出一种"时滞–辨识–控制"一体化的电力系统迭代辨识阻尼控制器设计方法。该方法在第2章研究的迭代辨识方法的基础之上，考虑辨识误差，可以在线实时计算出时滞控制器模型。

3.1 系统模型与稳定性判据

3.1.1 电力系统真实模型

参照电力系统的实际情况，构造电力系统真实模型，如图3-1所示。在真实模型中，以2个干扰信号为例，以此模拟随机性质小幅扰动[71]。

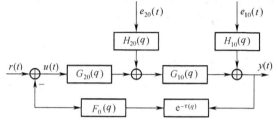

图3-1 考虑时滞因素的多干扰环境闭环电力系统真实模型

在图3-1中：$u(t)$、$y(t)$分别表示系统输入、输出信号，$t = 1, 2, \cdots$；

$e_{10}(q)$、$e_{20}(q)$（均值为零、方差分别为 λ_{10} 和 λ_{20}）表示不相关平稳随机干扰信号；$r(t)$ 表示外加参考信号；$G_{10}(q)$、$G_{20}(q)$ 表示被控系统；$H_{10}(q)$、$H_{20}(q)$ 分别表示干扰信号 $e_{10}(q)$、$e_{20}(q)$ 的滤波器模型；$F_0(q)$ 表示控制器；$e^{-\tau(q)}$ 为时滞环节，其中 τ 为通信时滞时间[50]。

对于真实电力系统，闭环电力系统表达式可写为

$$y(t) = G_{10}(q)G_{20}(q)u(t) + H_{10}(q)e_{10}(t) + G_{10}(q)H_{20}(q)e_{20}(t)$$
$$u(t) = -F_0(q)e^{-\tau(q)}y(t) + r(t)$$
$$(3-1)$$

式（3-1）可进一步写为

$$y(t) = S_0(q)G_0(q)r(t) + S_0(q)H_0(q)e_0(t)$$
$$u(t) = S_0(q)r(t) - S_0(q)F_0(q)e^{-\tau(q)}H_0(q)e_0(t)$$
$$(3-2)$$

其中
$$S_0(q) = [1 + G_0(q)F_0(q)e^{-\tau(q)}]^{-1}$$

式中：$S_0(q)$ 为灵敏度函数；$G_0(q)$ 表示被控系统模型；$H_0(q)$ 表示 $e_0(t)$ 的滤波器模型。

3.1.2　电力系统辨识模型

采用如图 3-2 所示的闭环电力系统模型进行闭环辨识。

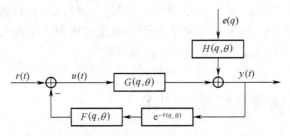

图 3-2　考虑时滞的多干扰环境闭环电力系统辨识模型

在图 3-2 中：$u(t)$、$y(t)$ 分别表示系统输入、输出信号，$t=1$，2，…；$e(q)$（均值为零，方差为 λ）表示随机干扰信号；$r(t)$ 表示外加参考信号；$G(q, \theta)$ 表示被控系统；$H(q, \theta)$ 表示前向通道干扰信号 $e(q)$ 的滤波器模型；$F(q, \theta)$ 表示控制器模型；θ 表示待辨识参数；$e^{-\tau(q, \theta)}$ 为时滞环节，τ 为通信时滞时间[50]。

具体的形式类似真实电力系统，进一步写成如下形式：

$$y(t) = S(q, \theta)G(q, \theta)r(t) + S(q, \theta)H(q, \theta)e(t)$$
$$u(t) = S(q, \theta)r(t) - S(q, \theta)F(q, \theta)H(q, \theta)e(t)$$
$$(3-3)$$

其中
$$S(q, \theta) = [1 + G(q, \theta)F(q, \theta)e^{-\tau(q, \theta)}]^{-1}$$

式中：$S(q, \theta)$ 为灵敏度函数。

式（3-3）可写为

$$\begin{bmatrix} y \\ u \end{bmatrix} = \begin{bmatrix} \dfrac{G}{1+GF\mathrm{e}^{-\tau}} & \dfrac{H}{1+GF\mathrm{e}^{-\tau}} \\ \dfrac{1}{1+GF\mathrm{e}^{-\tau}} & -\dfrac{HF}{1+GF\mathrm{e}^{-\tau}} \end{bmatrix} \begin{bmatrix} r \\ e \end{bmatrix} \tag{3-4}$$

电力系统模型 G 采用线性化状态空间模型：

$$\dot{x}(t) = Ax(t) + Bu(t-\tau) + Ee(t)$$
$$y(t) = Cx(t) + Du(t-\tau) \tag{3-5}$$

式中：x 为系统的状态矢量；u、y 分别表示被控系统输入、输出信号；e 为外部扰动矢量；A、B、C、D、E 为相应的系数矩阵。

3.1.3　闭环稳定性判据

式（3-5）的闭环时滞系统状态空间模型可以转化为时滞微分方程模型：

$$\dot{x}(t) = Ax + A_{\mathrm{d}}x(t-\tau) \tag{3-6}$$

其中

$$A_{\mathrm{d}} = -BFC$$

根据 A 可计算出系统特征方程式：

$$f(s) = \det(sI - A) \tag{3-7}$$

通过判断特征根在复平面的位置来判断系统的稳定性[62]。

3.2　考虑时滞因素的迭代辨识方法与广域阻尼控制器设计

3.2.1　时滞状态反馈控制器和反馈增益矩阵的设计

时滞分为两类：一类是常数时滞，即时滞是一个常数；另一类是时变时滞，即时滞大小是随时间变化的。针对时变时滞问题，我们采用时滞上界，将时滞上界转化为常数时滞，从而进一步分析。对于式（3-5）所示的时滞线性系统，定义 $\bar{\tau} = \max(\tau)$，设计如式（3-8）所示时滞状态反馈控制器 K，则

$$u(t-\tau) = Kx(t-\tau) \tag{3-8}$$

那么闭环时滞系统为

$$\dot{x}(t) = Ax(t) + BKx(t-\tau) + Ee(t)$$
$$y(t) = Cx(t) + DKx(t-\tau) \tag{3-9}$$

对于系统式（3-9），采用文献［22］的方法来设计状态反馈控制器和反馈增益矩阵，状态反馈控制器和反馈增益矩阵分别用线性矩阵不等式和极点配置法来设计。

3.2.2　时滞广域阻尼控制器设计

在图 3-3 中：$u(t)$、$y(t)$ 分别表示被控系统输入、输出信号，$t = 1,\ 2,\ \cdots$；

$e(q)$（均值为零，方差为 λ）表示随机干扰信号；$r(t)$ 表示外加参考信号；$G(s)$ 表示被控系统模型；$F(s)$ 表示控制器模型；$e^{-\tau s}$ 为时滞环节，τ 为通信时滞时间。

式（3-8）的时滞状态反馈控制器 K 和反馈增益矩阵 H 共同组成了图 3-3 中的时滞控制器 $F(s)$，即本章所述考虑时滞的迭代辨识阻尼控制器。

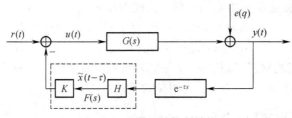

图 3-3　时滞反馈控制结构

式（3-10）为迭代辨识阻尼控制器 $F(s)$ 的状态空间表达式。

$$\dot{x}_c = A_c x_c + B_c y$$
$$u = C_c x_c + D_c y \tag{3-10}$$

其中　　　　$A_c = A - HC + (B - HD)K,\ B_c = H,\ C_c = K,\ D_c = 0$

式中：x_c 为状态矢量。

基于上述相关基本理论和定理，本章考虑时滞的迭代辨识与阻尼控制设计步骤如下：

第一步：给定降阶后开环系统对象模型 G，初始控制器模型 $F(s)$。

第二步：基于递推最小二乘法理论，对降阶模型 G 进行闭环辨识[54,59]，得到降阶模型 G 的不确定性集合 B_i。

第三步：将模型 G 转换为状态空间表达形式，确定模型 G 的状态空间各系数矩阵。

第四步：状态反馈控制器 K 利用线性矩阵不等式工具箱设计。

第五步：利用极点配置工具箱设计反馈增益矩阵 H。

第六步：根据第五步得到的状态反馈控制器 K 及反馈增益矩阵 H，通过计算得到考虑时滞的控制器模型状态空间表达形式的各系数矩阵，从而得到考虑时滞的控制器模型传递函数。

第七步：根据式（2-8），求取模型 G_i 与模型 B_i 对应的 $F(s)_i$ 的频率稳定裕度 $b[G_i,\ F(s)_i]$。

第八步：根据 Vinnicombe 的相关理论，利用式（2-7）求取标称模型 G_i 与模型集合 B_i 间的 Vinnicombe 距离 $\delta_v(G_i, B_i)$，并依次求取基于标称模型 G_i 的最大距离 $\delta_{WC}(G_i, B_i)$。

第九步：将频率稳定裕度 $b[G_i,\ F(s)_i]$ 与距离 $\delta_{WC}(G_i, B_i)$ 进行比较，筛选出满足 $b[G_i,\ F(s)_i] > \delta_{WC}(G_i, B_i)$ 的集合；若不满足，则返回第二步。

第十步：根据第三步和第四步得到的 $b[G_i, F(s)_i]$ 和 $\delta_v(G, B_i)$，判断是否满足公式：

$$| \delta_v(G, B_i) - \delta_v(G_i, B_i) | \leq 0.05 \qquad (3\text{-}11)$$

（判断两个距离之间的差值是不是在误差 0.05 以内，此值越小表示辨识精度越高）

和
$$\delta_{v\min}(G, B_i) \leq 0.05 \qquad (3\text{-}12)$$

（将距离控制在 0.05 之内，此值越小则说明最终辨识得到的 G_{op} 越能逼近于 G）

若不满足，则返回第二步。

第十一步：判断是否满足特征根稳定性判据式（3-7）。若不满足，则返回第五步；若满足，则输出模型 G_{op} 及对应的控制器模型 $F(s)_{op}$。最后得到与模型 G 的 Vinnicombe 距离最小的模型 G_{opt} 及对应的控制器模型 $F(s)_{opt}$。

整个时滞广域阻尼控制器设计算法流程如图 3-4 所示。

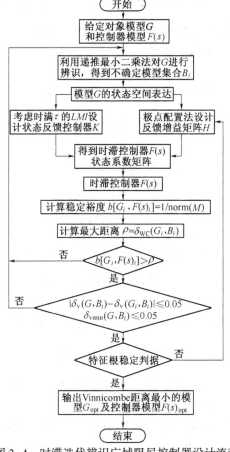

图 3-4　时滞迭代辨识广域阻尼控制器设计流程

3.3　收敛性分析

3.3.1　相关引理

引理 3.1[63] 对于任意定常矩阵 $V \in R^{n \times n}$，$V = V^T > 0$，标量 $h>0$ 和向量函数 $\dot{x}$：$[-h, 0] \to R^n$，使得式（3-13）和式（3-14）中的积分有定义，则不等式（3-13）和不等式（3-14）成立：

$$-h \int_{t-h}^{t} \dot{x}^T(s) V \dot{x}(s) \, ds \leqslant \zeta_1^T(t) \begin{bmatrix} -V & V \\ V & -V \end{bmatrix} \zeta_1(t) \tag{3-13}$$

$$-\frac{h^2}{2} \int_{-h}^{0} \int_{t+\theta}^{t} \dot{x}^T(s) V \dot{x}(s) \, ds \leqslant \zeta_2^T(t) \begin{bmatrix} -V & V \\ V & -V \end{bmatrix} \zeta_2(t) \tag{3-14}$$

其中　　　$\zeta_1^T(t) = [x^T(t) x^T(t-h)]$，$\zeta_2^T(t) = [x^T(t) x^T(t-h)]$

引理 3.2[64]　设 $h_1 < h(t) \leqslant h_2$，其中 $h(t)$：$R_n \to R_n$，对于任意的 $R = R^T > 0$，有不等式（3-15）成立：

$$-\int_{t-h_3}^{t-h_2} \dot{x}^T(s) R \dot{x}(s) \, ds$$

$$\leqslant \delta^T(t) \{ [h_3 - h(t)] TR^{-1}T^T + [h(t) - h_2] YR^{-1}Y^T +$$

$$[Y - Y + T - T] + [Y - Y + T - T]^T \} \delta(t) \tag{3-15}$$

其中　　　$\delta^T(t) = \{ x^T(t-h_1) x^T[t-h(t)] x^T(t-h_2) \}$

$$T = [T_1^T T_2^T T_3^T]^T$$

$$Y = [Y_1^T Y_2^T Y_3^T]^T$$

引理 3.3[65]　假设 $\gamma_1 \leqslant \gamma(t) \leqslant \gamma_2$，其中 $\gamma(\cdot)$：$R_n \to R_n$，存在任意适当维度的常数矩阵 Ξ_1、Ξ_2 和 Ω，有式（3-16）所示矩阵不等式成立：

$$\Omega + [\gamma(t) - \gamma_1] \Xi_1 + [\gamma(t)\gamma_2 - \gamma(t)] \Xi_2 < 0 \tag{3-16}$$

当且仅当

$$\Omega + (\gamma_2 - \gamma_1)\Xi_1 < 0, \ \Omega + (\gamma_2 - \gamma_1)\Xi_2 < 0 \tag{3-17}$$

3.3.2　考虑时滞迭代辨识算法收敛性证明

本章采用间接方法来证明算法的收敛性，即利用时滞分割的方法，首先将时滞区间分割转换成算法的收敛性分析，然后证明每个时滞区间的稳定性，最后推出整个系统的稳定性，从而证明算法的收敛性。具体方法如下：

设 N 为大于零的正整数，$h_i(i = 1, 2, \cdots, N+1)$ 为标量，对时滞区间进行如下平均分割：

$$h_m = h_1 < h_2 < \cdots < h_N < h_{N+1} = h_M \qquad (3-18)$$

用 h_δ 表示子区间 $[h_i, h_{i+1}]$ 的长度，即 $h_\delta = h_{i+1} - h_i = (h_M - h_m)/N$，则

在 $0 \leqslant h_m \leqslant h(t) \leqslant h_M$，$\dot{h}(t) \leqslant \mu$，$\forall t \geqslant 0$ 条件下有以下定理成立。

定理 3.1 对于给定常数 h_m 和 h_M，如果存在正定对称矩阵 $P = \begin{bmatrix} P_{11} & P_{12} & P_{13} \\ * & P_{22} & P_{23} \\ * & * & P_{33} \end{bmatrix}$，$Q_i$，$Z_i$，$R_i(i = 2, 3)$，$h_m$ 和适当维度的自由矩阵 T_a，

$Y_a(a = 1, 2, 3)$，使得如式（3-19）所示矩阵不等式成立：

$$\begin{bmatrix} \psi_{11} & \psi_{12} & \psi_{13} & \psi_{14} & \psi_{15} & \psi_{16} & 0 \\ * & \psi_{22} & \psi_{23} & \psi_{24} & \psi_{25} & \psi_{26} & h_\delta Y_1^T \\ * & * & \psi_{33} & \psi_{34} & \psi_{35} & \psi_{36} & h_\delta Y_2^T \\ * & * & * & \psi_{44} & \psi_{45} & \psi_{46} & h_\delta Y_3^T \\ * & * & * & * & \psi_{55} & \psi_{56} & 0 \\ * & * & * & * & * & \psi_{66} & 0 \end{bmatrix} < 0, \qquad i = 1, 2, \cdots, N$$

$$(3-19)$$

$$\begin{bmatrix} \psi_{11} & \psi_{12} & \psi_{13} & \psi_{14} & \psi_{15} & \psi_{16} & 0 \\ * & \psi_{22} & \psi_{23} & \psi_{24} & \psi_{25} & \psi_{26} & h_\delta T_1^T \\ * & * & \psi_{33} & \psi_{34} & \psi_{35} & \psi_{36} & h_\delta T_2^T \\ * & * & * & \psi_{44} & \psi_{45} & \psi_{46} & h_\delta T_3^T \\ * & * & * & * & \psi_{55} & \psi_{56} & 0 \\ * & * & * & * & * & \psi_{66} & 0 \end{bmatrix} < 0, \qquad i = 1, 2, \cdots, N$$

$$(3-20)$$

其中 $\psi_{11} = P_{11}A + A^T P_{11} + P_{12} + P_{12}^T + Q_2 + Q_3 - Z_2 - h_i^2 R_2 - h_\delta^2 R_3 + A^T A$

$$\psi_{12} = Z_2 - P_{12} + P_{13}$$

$$\psi_{13} = P_{11}B + A^T LB$$

$$\psi_{14} = -P_{13}$$

$$\psi_{15} = A^T P_{21} + P_{22}^T + h_i R_2$$

$$\psi_{16} = A^T P_{31} + P_{32}^T + h_i R_3$$

$$\psi_{22} = -Q_2 - Z_2 + Y_1 + Y_1^T$$

$$\psi_{23} = -Y_1 + T_1 + Y_2^T$$

$$\psi_{24} = -T_1 + Y_3^T$$

$$\psi_{25} = -P_{22}^{\mathrm{T}} + P_{23}^{\mathrm{T}}$$

$$\psi_{26} = -P_{32}^{\mathrm{T}} + P_{33}^{\mathrm{T}}$$

$$\psi_{33} = -Y_2 - Y_2^{\mathrm{T}} + T_2 + T_2^{\mathrm{T}} + B^{\mathrm{T}}LB$$

$$\psi_{34} = -T_2 - Y_3^{\mathrm{T}} + T_3^{\mathrm{T}}$$

$$\psi_{35} = -B^{\mathrm{T}}P_{21}^{\mathrm{T}}$$

$$\psi_{36} = B^{\mathrm{T}}P_{31}^{\mathrm{T}}$$

$$\psi_{44} = -T_3 - T_3^{\mathrm{T}} - Q_3$$

$$\psi_{45} = -P_{23}^{\mathrm{T}}$$

$$\psi_{46} = -P_{33}^{\mathrm{T}}$$

$$\psi_{55} = -R_2$$

$$\psi_{56} = 0$$

$$\psi_{66} = -R_3$$

$$h_\delta = h_{i+1} - h_i = (h_{\mathrm{M}} - h_{\mathrm{m}})/N$$

$$h_i = h_1 + (i-1)(h_{\mathrm{M}} - h_{\mathrm{m}})/N$$

$$L = h_i^2 Z_2 + h_\delta Z_3 + \frac{1}{4}\left[(h_i^4 R_2) + (h_{i+1}^2 - h_i^2)^2 R_3\right]$$

则系统式（3-5）是渐近稳定的。

证明： 首先证明当 $h(t) \in [h_2, h_3]$ 子区间段时，定理成立，进而推广到当 $h(t) \in [h_i, h_{i+1}]$ 时定理成立。

当 $h(t) \in [h_2, h_3]$ 时，构造如下 Lyapunov-Krasovskii 泛函：

$$V_2(t) = V_{21}(t) + V_{22}(t) + V_{23}(t) \tag{3-21}$$

其中
$$V_{21}(t) = \xi_2^{\mathrm{T}}(t)P\xi_2(t)$$

$$V_{22}(t) = \int_{t-h_2}^{t} x^{\mathrm{T}}(s)Q_2 x(s)\,\mathrm{d}s + \int_{t-h_3}^{t} x^{\mathrm{T}}(s)Q_3 x^{\mathrm{T}}(s)\,\mathrm{d}s + h_2 \int_{-h_2}^{0} \int_{t+\theta}^{t} \dot{x}^{\mathrm{T}}(s)Z_2 \dot{x}(s)\,\mathrm{d}s\mathrm{d}\theta +$$

$$\int_{-h_3}^{-h_2} \int_{t+\theta}^{t} \dot{x}^{\mathrm{T}}(s)Z_3 \dot{x}(s)\,\mathrm{d}s\mathrm{d}\theta$$

$$V_{23}(t) = \frac{h_2^2}{2} \int_{-h_2}^{0} \int_{\theta}^{0} \int_{t+\lambda}^{t} \dot{x}^{\mathrm{T}}(s)R_2 \dot{x}(s)\,\mathrm{d}s\mathrm{d}\lambda\mathrm{d}\theta + \frac{h_3^2 - h_2^2}{2} \int_{-h_3}^{-h_2} \int_{\theta}^{0} \int_{t+\lambda}^{t} \dot{x}^{\mathrm{T}}(s)R_3 \dot{x}(s)\,\mathrm{d}s\mathrm{d}\lambda\mathrm{d}\theta$$

$$\xi_2^{\mathrm{T}}(t) = \left[x^{\mathrm{T}}(t) \int_{t-h_2}^{t} x^{\mathrm{T}}(s) \int_{t-h_3}^{t-h_2} x^{\mathrm{T}}(s)\,\mathrm{d}s\right]$$

取 Lyapunov-Krasovskii 泛函 $V_2(t)$ 沿系统式（3-9）的导数，有

$$\dot{V}_2(t) = \dot{V}_{21}(t) + \dot{V}_{22}(t) + \dot{V}_{23}(t) \tag{3-22}$$

其中
$$\dot{V}_{21}(t) = 2\xi_2^{\mathrm{T}}(t)P\dot{\xi}_2(t)$$

$$\dot{V}_{22}(t) = x^{\mathrm{T}}(t)(Q_2 + Q_3)x(t) - x^{\mathrm{T}}(t - h_2)Q_2 x^{\mathrm{T}}(t - h_2) -$$
$$x^{\mathrm{T}}(t - h_3)Q_2 x^{\mathrm{T}}(t - h_3) + x^{\mathrm{T}}(t)[h_2^2 Z_2 + (h_3 - h_2)Z_3]\dot{x}(t) -$$
$$h_2 \int_{t-h_2}^{t} \dot{x}^{\mathrm{T}}(s)Z_2 \dot{x}(s)\mathrm{d}s - \int_{t-h_3}^{t-h_2} \dot{x}^{\mathrm{T}}(s)Z_3 \dot{x}(s)\mathrm{d}s$$

$$V_{23}(t) = \dot{x}^{\mathrm{T}}(t)\left[\frac{1}{4}[h_2^4 R_2 + (h_3^2 - h_2^2)^2 R_3]\right]\dot{x}(t) - \frac{h_2^2}{2}\int_{-h_2}^{0}\int_{t+\theta}^{t} \dot{x}^{\mathrm{T}}(s)R_2 \dot{x}(t)\mathrm{d}s\mathrm{d}\theta$$

根据引理 3.1 可得

$$-h_2 \int_{t-h_2}^{t} \dot{x}^{\mathrm{T}}(s)Z_2 \dot{x}(s)\mathrm{d}s \leq \begin{bmatrix} x(t) \\ x(t - h_2) \end{bmatrix}^{\mathrm{T}} \begin{bmatrix} -Z_2 & Z_2 \\ * & -Z_2 \end{bmatrix}\begin{bmatrix} x(t) \\ x(t - h_2) \end{bmatrix}$$

$$(3-23)$$

$$-\frac{h_2^2}{2}\int_{-h_2}^{0}\int_{t+\theta}^{t} \dot{x}^{\mathrm{T}}(s)R_2 \dot{x}(t)\mathrm{d}s\mathrm{d}\theta \leq \begin{bmatrix} h_2 x(t) \\ \int_{t-h_2}^{t} x(s)\mathrm{d}s \end{bmatrix}^{\mathrm{T}} \begin{bmatrix} -R_2 & R_2 \\ * & -R_2 \end{bmatrix}\begin{bmatrix} h_2 x(t) \\ \int_{t-h_2}^{t} x(s)\mathrm{d}s \end{bmatrix}$$

$$(3-24)$$

$$\frac{h_3^2 - h_2^2}{2}\int_{-h_3}^{-h_2}\int_{t+\theta}^{t} \ddot{x}^{\mathrm{T}}(s)R_3 \dot{x}(t)\mathrm{d}s\mathrm{d}\theta \leq \begin{bmatrix} (h-3-h_2)x(t) \\ \int_{t-h_3}^{t-h_2} x(s)\mathrm{d}s \end{bmatrix}^{\mathrm{T}} \begin{bmatrix} -R_3 & R_3 \\ * & -R_3 \end{bmatrix}\begin{bmatrix} (h-3-h_2)x(t) \\ \int_{t-h_3}^{t-h_2} x(s)\mathrm{d}s \end{bmatrix}$$

$$(3-25)$$

由引理 3.2 可得

$$-\int_{t-h_3}^{t-h_2} \dot{x}^{\mathrm{T}}(s)Z_3 \dot{x}(s)\mathrm{d}s$$
$$\leq \delta^{\mathrm{T}}(t)\{(h_3 - h(t))TZ_3^{-1}T^{\mathrm{T}} +$$
$$(h(t) - h_2)YZ_3^{-1}T^{\mathrm{T}} + [Y - Y + T - T] + t[Y - Y + T - T]^{\mathrm{T}}\}\delta(t)$$

$$(3-26)$$

将式（3-23）~式（3-26）代入式（3-22），则 $\dot{V}_2(t)$ 可表示为

$$\dot{V}_2(t) \leq \zeta^{\mathrm{T}}(t)\{\psi + [h_3 - h(t)]TZ_3^{-1}T^{\mathrm{T}} + [h(t) - h_2]YZ_3^{-1}T^{\mathrm{T}}\}\zeta(t)$$

$$(3-27)$$

其中

$$\zeta^{\mathrm{T}}(t) = \left\{ x^{\mathrm{T}}(t) x^{\mathrm{T}}(t - h_2) x^{\mathrm{T}}[t - h(t)] x^{\mathrm{T}}(t - h_3) \int_{t-h_2}^{t} x^{\mathrm{T}}(s)\,\mathrm{d}s \int_{t-h_3}^{t-h_2} x^{\mathrm{T}}(s)\,\mathrm{d}s \right\}$$

如果对于 $h(t) \in [h_2,\ h_3]$，令 $\psi = (\psi_{i,\ j})_{6\times6}$，有以下条件成立：

$$\psi + [h_3 - h(t)] T Z_3^{-1} T^{\mathrm{T}} + [h(t) - h_2] Y Z_3^{-1} T^{\mathrm{T}} < 0 \qquad (3\text{-}28)$$

则根据 Lyapunov-Krasovskii 稳定性定理[65]，存在 $\varepsilon > 0$，使得 $\dot{V}_2(t) < -\varepsilon \parallel x(t) \parallel^2$，从而保证系统式（3-9）渐近稳定。

根据**引理 3.3**，式（3-28）等价于

$$\psi + (h_3 - h_2) T Z_3^{-1} T^{\mathrm{T}} < 0 \qquad (3\text{-}29)$$

$$\psi + (h_3 - h_2) Y Z_3^{-1} Y^{\mathrm{T}} < 0 \qquad (3\text{-}30)$$

根据 schur 补知，式（3-29）和式（3-30）分别等价于当 $i = 2$ 时的式（3-19）和式（3-20）。

因此，当 $h(t) \in [h_i,\ h_{i+1}] (i = 1,\ 2,\ \cdots,\ N)$ 时，可构造如下 Lyapunov-Krasovskii 泛函：

$$V_i(t) = V_{i1}(t) + V_{i2}(t) + V_{i3}(t) \qquad (3\text{-}31)$$

同理可证，当 $h(t) \in [h_i,\ h_{i+1}]$ 时，有 $\dot{V}(t) < -\varepsilon \parallel x(t) \parallel^2$，因此系统是渐近稳定的。

定理证毕。

3.3.3　基于 Q 因子的迭代辨识算法收敛速度分析

考虑如式（3-32）所示系统：

$$\begin{aligned} \dot{x} &= Ax + bu \quad x(0) = x_0 \\ y &= cx + du \end{aligned} \qquad (3\text{-}32)$$

式中：x、u、y 分别表示系统的状态、输入和输出；A 为未知的矩阵；b 和 c 为未知矢量；d 为未知标量，$0 < \alpha_1 \leqslant d \leqslant \alpha_2$，其中 α_1 和 α_2 是已知的常数。

每次的迭代辨识过程系统如式（3-33）所示：

$$\Re: \quad \begin{aligned} \dot{x}_i &= Ax_i + bu_i \quad x_i(0) = x_0 \\ y_i &= cx_i + du_i \end{aligned} \qquad (3\text{-}33)$$

迭代辨识算法目的就是去寻找一个控制输入序列使 y_i 能够追踪 y_d，即随着迭代次数增加，系统输出逐渐接近期望输出。令 $\lim\limits_{i \to \infty} |\Delta y_i| = 0$，其中 $\Delta y_i = y_d - y_i$。式中：y_i 为实际输出，y_d 为期望输出。

那么 Q 因子定义为

$$Q_p = \limsup_{i \to \infty} \frac{|\Delta y_{i+1}|}{|\Delta y_i|^p} \tag{3-34}$$

迭代辨识算法控制机制为

$$u_{i+1}(t) = p_1 u_i + p_2 u_{i-1} + q_1 \Delta y_i + q_2 \Delta y_{i-1} \tag{3-35}$$

其中
$$p_1 + p_2 = 1$$

式中：q_1 和 q_2 是常数，满足 $|p_1 - q_1 d| + |p_2 - q_2 d| < 1$，在文献［66］中已证明随着迭代次数 i 趋向于无穷大，跟踪误差是收敛的。

且得到 $|\Delta y_{i-1}|_\lambda \leqslant |p_1 - q_1 d| |\Delta y_i|_\lambda + |p_2 - q_2 d| |\Delta y_{i-1}|_\lambda$，根据 Q 因子的定义，可得

$$Q = \limsup_{i \to \infty} \frac{|\Delta y_{i+1}|_\lambda}{|\Delta y_i|_\lambda} = \gamma_1 + \gamma_2 \lim_{i \to \infty} \frac{|\Delta y_{i-1}|_\lambda}{|\Delta y_i|_\lambda} \tag{3-36}$$

其中
$$\gamma_1 = |p_1 - q_1 d|, \ \gamma_2 = |p_2 - q_2 d|$$

迭代辨识控制算法的特征方程为

$$z^2 - |p_1 - q_1 d| z - |p_2 - q_2 d| = 0 \tag{3-37}$$

用 g_1、g_2 表示方程（3-37）的根，有

$$g_1 = \frac{\gamma_1 - \sqrt{\gamma_1^2 + 4\gamma_2}}{2}, \ g_2 = \frac{\gamma_1 + \sqrt{\gamma_1^2 + 4\gamma_2}}{2} \tag{3-38}$$

因为 $|g_2| \geqslant |g_1|$，所以 Q 因子由 g_2 决定，将迭代辨识过程构造为如式（3-39）所示问题：

$$J = \min_{p \in R} \ \min_{(q_1, q_2) \in R^2} \ \max_{d \in D} \frac{\gamma_1 + \sqrt{\gamma_1^2 + 4\gamma_2}}{2} \tag{3-39}$$

给出**定理 3.2**，以分析迭代辨识算法收敛速度。

定理 3.2：最优问题式（3-39）的解是式 $J = \theta = \dfrac{\alpha_2 - \alpha_1}{\alpha_2 + \alpha_1}$，当 $p_1 = 1$、$p_2 = 0$、

$q_1 = \dfrac{2}{\alpha_2 + \alpha_1}$、$q_2 = 0$ 时，取得最优值，收敛速度达到最大。

证明：将 p_1 范围分为三部分，分别计算每部分的目标函数。

（1）$p_1 \leqslant 0$，令 $J_a(p_1) = \min_{(q_1, q_2) \in R^2} \max_{d \in D} g_2$，且 $J_A = \min_{p_1 \in (-\infty, 0)} J_a(p_1)$。由文献［66］可得

$$\min_{q_1 \in R} \max_{d \in D} |p_1 - q_1 d_1| = |p_1 \theta| = -p_1 \theta, \ q_{1,a} = \frac{2}{\alpha_2 + \alpha_1} \tag{3-40}$$

通过计算得到

$$J_a(p_1) = \frac{-p_1 \theta + \sqrt{p_1^2 \theta^2 + 4(1 - p_1)\theta}}{2} \tag{3-41}$$

取式（3-41）关于 p_1 的偏导，可以得到

$$\frac{\partial J_a(p_1)}{\partial(p_1)} = -\frac{\theta}{2} + \frac{p_1\theta^2 - 2\theta}{2\sqrt{p_1^2\theta^2 + 4(1-p_1)\theta}} < 0 \qquad (3-42)$$

由式（3-42）可得，当 $p_1 \in (-\infty, 0]$ 时，$J_a(p_1)$ 是单调递减的。因此，当 $p_1 = 0$ 时，取得最小值 $J_A = \min\limits_{p_1 \in (-\infty, 0)} J_a(0) = \sqrt{\theta}$。

（2）$0 < p_1 \leq 1$。令 $J_b(p_1) = \min\limits_{(q_1, q_2) \in R^2} \max\limits_{d \in D} g_2$，且 $J_B = \min\limits_{p_1 \in (-\infty, 0)} J_b(p_1)$。由文献［66］可得

$$\min\limits_{q_1 \in R} \max\limits_{d \in D} |p_1 - q_1 d_1| = |p_1\theta| = -p_1\theta, \quad q_{1,b} = \frac{2}{\alpha_2 + \alpha_1} \qquad (3-43)$$

通过计算得到

$$J_b(p_1) = \frac{p_1\theta + \sqrt{p_1^2\theta^2 + 4(1-p_1)\theta}}{2} \qquad (3-44)$$

取式（3-44）关于 p_1 的偏导，可以得到

$$\frac{\partial J_b(p_1)}{\partial(p_1)} = \frac{\theta}{2} + \frac{p_1\theta^2 - 2\theta}{2\sqrt{p_1^2\theta^2 + 4(1-p_1)\theta}} < 0 \qquad (3-45)$$

由此可得，当 $p_1 \in (0, 1]$ 时，$J_b(p_1)$ 是单调递减的。因此，当 $p_1 = 1$ 时，取得最小值 $J_B = \min\limits_{p_1 \in (0, 1]} J_b(1) = \theta$。

（3）$p_1 > 1$。令 $J_c(p_1) = \min\limits_{(q_1, q_2) \in R^2} \max\limits_{d \in D} g_2$，且 $J_C = \min\limits_{p_1 \in (1, -\infty)} J_c(p_1)$。由文献［66］可得

$$\min\limits_{q_1 \in R} \max\limits_{d \in D} |p_1 - q_1 d_1| = |p_1\theta| = p_1\theta \qquad (3-46)$$

通过计算得到

$$J_c(p_1) = \frac{p_1\theta + \sqrt{p_1^2\theta^2 + 4(1-p_1)\theta}}{2} \qquad (3-47)$$

取式（3-47）关于 p_1 的偏导，可以得到

$$\frac{\partial J_c(p_1)}{\partial(p_1)} = \frac{\theta}{2} + \frac{p_1\theta^2 - 2\theta}{2\sqrt{p_1^2\theta^2 + 4(1-p_1)\theta}} > 0 \qquad (3-48)$$

由此可得，当 $p_1 \in (1, \infty)$ 时，$J_c(p_1)$ 是单调递增的。因此，当 $p_1 = 1$ 时，取得最小值 $J_C = \min\limits_{p_1 \in (1, \infty)} J_c(1) = \theta$。

所以 $J = \min\{J_A, J_B, J_C\} = \theta$，即当 $p_1 = 1$、$p_2 = 0$、$q_1 = \dfrac{2}{\alpha_2 + \alpha_1}$、$q_2 = 0$ 时，取得最优值，收敛速度达到最大。

定理证毕。

3.3.4 收敛速度仿真

图 3-5 为本章与分布式阻尼控制算法（文献［67］）及附加鲁棒控制算法（文献［68］）的收敛速度对比。

由图 3-5 可知，三种算法收敛速度排序为本章算法 > 文献［67］中算法 > 文献［68］中算法。经分析可得：与其他两个算法相比，在达到同样误差条件下，

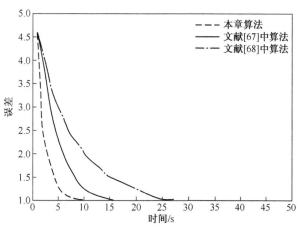

图 3-5　不同算法收敛速度对比

本章所设计的时滞控制器设计算法的收敛速度相对来说是较快的。

3.4　四机两区域系统算例验证

以四机两区域系统作为仿真验证模型，如图 2-5 所示。

根据本章算法，给定降阶后开环系统对象 G，初始控制器 F，四机两区系统降阶后的传递函数为

$$G = \frac{z^2 + 3z + 2}{z^3 + 5z^2 + 5.25z + 5} \tag{3-49}$$

基于此传递函数给定初始控制器模型为

$$F = \frac{-0.2797z^2 + 0.1336z - 0.0606}{z^3 + 0.5430z^2 - 0.5078z - 0.0098} \tag{3-50}$$

3.4.1　辨识结果

参数估计结果如图 3-6 所示。

最终得到辨识参数为

a_1：5.0142 　　　　b_1：1.0835

a_2：5.3237 　　　　b_2：2.9540

a_3：5.0670 　　　　b_3：2.1717

因此，辨识得到的系统模型为

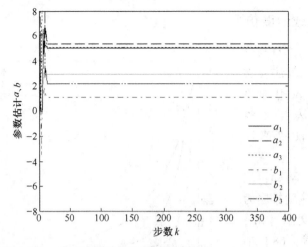

图 3-6　参数估计结果

$$G_{op} = \frac{1.0835z^2 + 2.9540z + 2.1717}{z^3 + 5.0142z^2 + 5.3237z + 5.0670} \tag{3-51}$$

设计的控制器模型 $F(s)_{opt}$ 为

$$F(s)_{opt} = \frac{6.998z^2 + 40.22z + 47.31}{z^3 + 12.8z^2 + 48.37z + 53.45} \tag{3-52}$$

3.4.2　Vinnicombe 距离分析

G 与 B_i 之间的 Vinnicombe 距离，如图 3-7 所示。

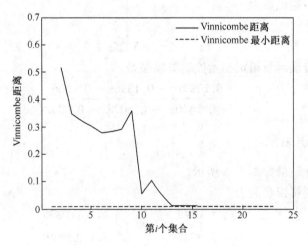

图 3-7　G 与 B_i 间的 Vinnicombe 距离

图 3-7 表明，从第一次辨识到最后辨识得到的对象，与 G 之间的距离越来越小，最终距离为 0.01059，且频率稳定裕度为 0.1124 > 0.01059。因此，最终得到的控制器是可以使初始对象 G 稳定的，并且辨识电力系统模型与初始对象模型 G 逼近度是相当高的。

3.4.3 伯德图分析

将电力系统辨识模型和真实模型的伯德图进行比较，如图 3-8 所示。

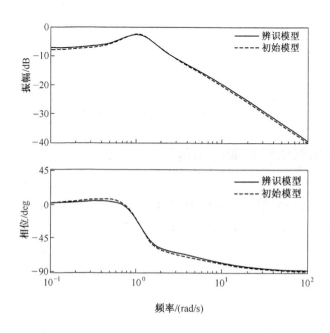

图 3-8　电力系统辨识模型与初始模型伯德图

由图 3-8 可见，得到的三阶电力系统辨识模型与三阶电力系统初始模型的伯德图接近程度较高，说明电力系统辨识模型与初始模型的逼近程度较高。

3.4.4 辨识模型的开环阶跃响应分析

图 3-9 描述的是辨识模型的阶跃响应图，从中可以看出，辨识模型从 G_1 到 G_5 的阶跃响应曲线的振幅是在不断降低的，稳定后的振幅从 0.73dB 降低到了 0.43dB，从而说明每次辨识得到的辨识模型是越来越好的。

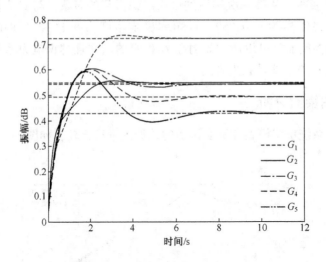

图 3-9　电力系统辨识模型的开环阶跃响应

3.4.5　电力系统辨识模型的闭环阶跃响应分析

从图 3-10 中可以看出，通过设计得到的广域阻尼控制器的闭环响应也是越来越好的，从控制器 K_1 到 K_5 的闭环响应稳定振幅从 0.58dB 降低到了 0.31dB，并且与不加控制器相比，振幅也在下降。

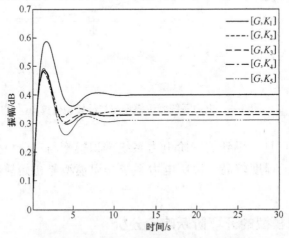

图 3-10　电力系统辨识模型的闭环阶跃响应

3.4.6　考虑时滞闭环响应对比分析

不同时滞下（0ms、300ms、500ms）闭环响应对比分析如图 3-11 所示。

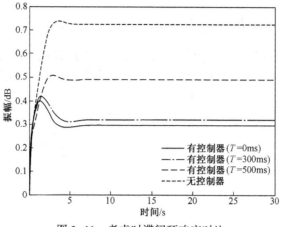

图 3-11　考虑时滞闭环响应对比

由图 3-11 可见，无控制器的闭环响应是最差的，振幅相对其他两种情况较高；有控制器不考虑时滞的闭环响应是最好的；有控制器考虑时滞的闭环响应介于两者之间。通过分析可以得出：时滞对电力系统来说会恶化控制效果，并且时滞越长，越不利于系统控制。因此，对电力系统考虑时滞的控制器设计是十分必要的。

3.4.7　不同时滞下有功功率和转子角振荡曲线

由图 3-12 可见，在没有控制器的闭环系统下，转子角和有功功率振荡曲线的振幅都是最大的；当考虑时滞时，时滞时间越长，转子角和有功功率振荡曲线的振幅越大，说明时滞越长，越难以抑制低频振荡现象。

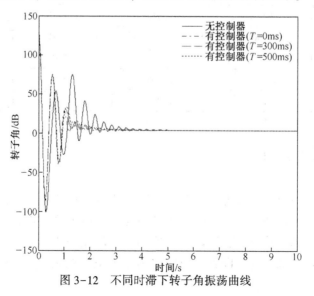

图 3-12　不同时滞下转子角振荡曲线

3.4.8　阻尼比分析

　　通过表 3-1 计算得到的阻尼比可以看出，经过控制后的系统的阻尼比有了很大程度的提高。由此可以得出，通过本章方法所设计的广域阻尼控制器可以有效地抑制低频振荡，如图 3-13 所示。

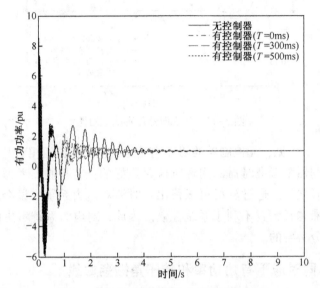

图 3-13　不同时滞下有功功率振荡曲线

表 3-1　电力系统阻尼比分析

系统模型	阻尼比（控制前）	频率（控制前）	阻尼比（控制后）	频率（控制后）
G_1	20018	1.5313	2.1135	1.5585
G_2	1.8308	1.5469	2.6941	1.1234
G_3	1.2605	2.0591	5.2400	0.3330
G_4	1.2683	1.9766	1.6205	0.8781
G_5	1.2893	1.9045	1.1504	1.1023

3.5　本章小结

　　针对时滞问题，在考虑模型辨识误差因素的基础之上，本章首先建立电力系统闭环时滞模型；其次提出一种考虑时滞的电力系统迭代辨识广域阻尼控制器设计方法，其中状态反馈控制器和反馈增益矩阵分别用线性矩阵不等式和极点配置法来设计，以解决时滞电力系统阻尼控制问题；然后以四机两区系统模型为例进行算例仿真；最后在不同时滞下进行了对比分析。四机两区系统模型仿真结果表明：转子角及功率振荡可以在 8s 内趋于稳定，能有效地抑制低频振荡，保证电力系统的稳定性。

本章研究了考虑时滞的电力系统广域阻尼控制，设计了一种考虑辨识误差因素的时滞阻尼控制器算法。但随着各种广域阻尼控制器种类及数目的增加，多个控制器间的控制交互作用也日益突出，这些交互作用可能是对整个系统不利的负作用，因此为了消除或降低控制器间的交互负作用，第 4 章将进行多阻尼控制器间的参数在线协调优化问题研究。

第**4**章
多阻尼控制器参数在线协调优化

电力系统中多个控制器间的控制交互作用可能会阻碍系统阻尼的提高，也就是交互负作用，这样将不利于电力系统的安全与稳定运行。如果控制器参数协调不当，就有可能降低整个系统的阻尼，因此控制器间的在线协调控制也成为电力系统的一个研究热点。多控制器协调设计的常规思想是通过协调算法来协调多控制器间的参数，采用如遗传算法、粒子群算法、线性优化算法、混沌优化算法和模拟退火算法等[28-33]。

在大规模电网的应用中，一般在使用优化算法进行参数优化前，需要首先求出系统矩阵的所有特征值，然后再根据公式计算阻尼比，但是这一过程计算量很大且耗时费力，这无疑增加了算法实现的难度。目前，学者们很少在算法设计上考虑在线参数计算量和快速全局寻优的因素。根据上述情况，本章提出一种球域结构人工免疫算法来在线协调优化多阻尼控制器参数，可以减少计算量，并且具有全局的搜索能力。

4.1 在线协调控制模型建立

电力系统中的控制器种类较多，本章选取 PSS 控制器、未考虑时滞控制器及考虑时滞控制器（第 3 章设计的控制器）三种控制器来进行在线参数优化，每种控制器的传递函数都有其关键参数，每个控制器选取其中一个参数进行优化，在此将选取的参数称为主导参数。三个控制器分别如下所示。

（1）PSS 控制器传递函数：

$$PSS = K \frac{sT_w}{1 + sT_w} \left(\frac{1 + T_1 s}{1 + T_3 s} \right) \left(\frac{1 + T_2 s}{1 + T_4 s} \right) = \frac{152 s^2 + 76.21 s + 9.553}{s^3 + 10.19 s^2 + 1.937 s + 0.0923}$$

$$(4-1)$$

（2）未考虑时滞控制器传递函数 C_1：

$$C_1 = \frac{-0.1314 s^2 + 0.1403 s - 0.0344}{s^3 + 0.6161 s^2 - 0.5109 s - 0.0730}$$

$$(4-2)$$

（3）考虑时滞控制器传递函数 C_2：

$$C_2 = \frac{6.998s^2 + 40.22s - 47.31}{s^3 + 12.8s^2 - 48.37s - 53.45} \qquad (4-3)$$

三种控制器在线协调控制模型如图 4-1 所示。

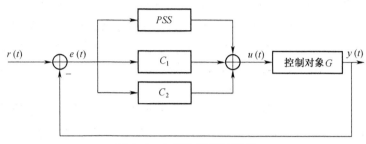

图 4-1　在线协调控制模型

球域人工免疫算法中积分以误差相加的形式处理，因此将连续传递函数转换为离散传递函数，各取其分母中一个系数作为主导参数，协调这三个控制器的主导参数，分别记为 K_p（PSS）、K_1（C_1）和 K_2（C_2）。

4.2　球域结构人工免疫算法

4.2.1　算法步骤

球域结构人工免疫算法是在人工免疫算法的基础之上改进而成的，可以减少计算量，并且具有全局的搜索能力。

B 细胞进化过程是生物学适应性免疫应答的一部分，可以用 B 细胞与抗原之间亲和度的寻优过程来体现 B 细胞的进化过程。假设将抗原看作实际问题，B 细胞看作实际问题的解决方法，用 B 细胞相应的亲和度指标来衡量这个解决方法的好坏程度（亲和度值越高，则说明这个解决方法越好；反之，则说明这个解决方法越差），也就是把生物学适应性免疫应答中 B 细胞的进化过程看作实际问题解决方案的一个寻优过程。因此，模拟生物学适应性免疫应答中 B 细胞的进化过程，可以构建出一种球域结构人工免疫算法。根据生物学的适应性免疫应答过程，可构建球域结构人工免疫算法如下。

第一步：初始群体生成。根据电力系统参数优化问题给定所需参数的实际范围，设初始进化次数 $j=1$，初始群体随机产生，首先生成 n 个个体，记为初始群体 Q_{1j}，然后计算每个个体的亲和度大小。

第二步：选择过程。该步骤用来模拟 B 细胞进化中的选择过程。通过第一步得到的初始每个个体的亲和度大小，在初始群体 Q_{1j} 中挑选出 $[a \times n]$｛其

中 $[\cdot]$ 为取整操作，a 是选择指数，$a \in (0, 1)\}$ 个亲和度最高的个体（优秀个体），将这些优秀个体组成新的群体，记为群体 Q_{2j}。

第三步：微观演变过程。该步骤主要用来模拟克隆扩增过程以及超突变过程，这些过程在人工免疫过程中是非常重要的。通过第二步中获得的生成群体 Q_{2j}，在本步骤中对 Q_{2j} 中的所有个体进行微观演变过程操作，来组成新的群体 Q_{3j}。新个体数目采用轮盘赌法[23]来确定，由于在人工免疫过程中超突变过程在原有个体上会发生微小变异，所以我们对每个个体均构造一个以该个体为球心、以 r 为半径的球域。微观演变过程就是在半径为 r 的球域内发生演变的。

第四步：宏观演变过程。该步骤用来模拟 B 细胞进化过程中受体的编辑过程。通过计算第三步得到的群体 Q_{3j} 中每个个体的亲和度，选择出 $[b \times n]$（其中 b 是选择指数，$b \in (0, 1)$）个亲和度最低的个体，再将这些个体进行宏观演变过程操作，宏观演变过程与微观演变过程相似。通过宏观演变生成的 $[b \times n]$ 个新个体加上未进行宏观演变的个体组成群体 Q_{4j}。由于在人工免疫过程中，受体编辑是在原有个体上发生较大的变异，所以对每个个体构造一个以该个体为球心、以 $R(i)$ 为半径的球域。宏观演变过程就是在半径 $R(i)$ 的球域内发生演变的。根据实际电力系统参数情况，个体亲和度低的对应宏观演变半径大，个体亲和度高的对应宏观演变半径小。根据亲和度由大到小的顺序，$R(i)$ 的大小线性增加，$R(i) \gg r$。

第五步：演变更新过程。该步骤用来模拟 B 细胞进化过程中的更新过程。首先随机生成新个体，取代第四步群体 Q_{4j} 中 $[c \times n]$ [其中 c 是更新指数，$c \in (0, 1)$] 个亲和度最低的个体，记为群体 Q_{5j}。

第六步：记忆存储过程。该步骤用来模拟人工免疫过程中记忆机制过程。首先选择群体 Q_{5j} 中亲和度最低的个体值，用 Q_{1j} 群体中亲和度最高的个体值来取代这些亲和度最低的个体值，生成新一代群体 $Q_{1(j+1)}$，这样存储新一代群体中亲和度最高的个体，可以防止个体退化现象产生。

第七步：参数调整过程。由于在算法实际运行过程中，新一代个体产生的最优个体亲和度可能不会优于上一代最优个体，这样我们需要实时调整算法的参数，从而保证新一代个体产生的个体亲和度优于上一代个体。参数调整过程包括：将选择指数 a 减半以及将更新指数 c 加倍，这样做的目的是使算法本身具有更精细的选择，可以防止算法陷入局部最优阶段，并且可以使算法加大个体搜索范围，提高寻找其他最优个体的概率。

第八步：调整过程。令 $j=j+1$，判断是否达到初始设置值，如果没有达到则返回第二步，如果达到了则算法结束，并输出最优个体相关参数。

整个球域结构人工免疫算法流程如图 4-2 所示。

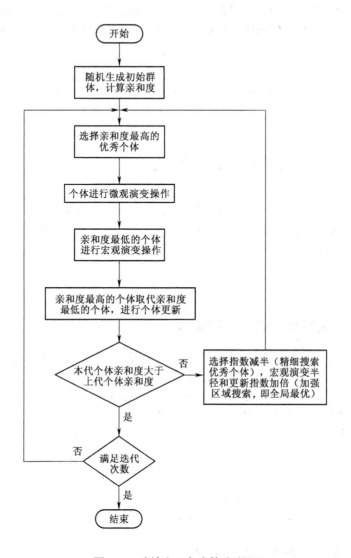

图 4-2　球域人工免疫算法流程

4.2.2　亲和度

电力系统多控制器协调控制的目的是提高整个电力系统的阻尼，因此要寻找一个衡量控制系统好坏的性能指标，算法采用 IAE 准则（绝对误差积分准则），IAE 准则的形式为

$$J = \int_0^\infty \left| e(t) \right| \mathrm{d}t \tag{4-4}$$

49

基于 IAE 准则所设计的系统具有适当的阻尼性能和良好的瞬态响应。因此，优化的目标就是使性能指标值 $J \to \min$。亲和度 A 的计算公式为

$$A = \frac{1}{J + x} \tag{4-5}$$

其中，设 x 为一个大于零的常数，以防分母接近于零而使算法出错无法运行，取 $x = 0.1$。

4.3 四机两区域系统算例验证

以四机两区域系统作为仿真验证模型，如图 2-5 所示。

根据文献 [60]，给定降阶后电力系统模型 G，以此为控制对象。四机两区域系统降阶后的传递函数为

$$G = \frac{z^2 + 3z + 2}{z^3 + 5z^2 + 5.25z + 5} \tag{4-6}$$

4.3.1 控制器参数在线协调结果

表 4-1 为本章方法与动态指标优化方法（文献 [70]）下得到的优化参数。

表 4-1 不同方法下优化参数表

参数	K_p	K_1	K_2
本章方法	0.4779	0.5216	0.0176
文献 [70] 中的方法	-0.3516	0.1564	0.1326

4.3.2 算法性能指标及亲和度

图 4-3 和图 4-4 分别是协调算法中最优个体的性能指标及亲和度变化曲线。

由图 4-3 可知，每代最优个体绝对误差积分准则性能指标是不断下降的，也就是说误差 $e(t)$ 是不断下降的，且由图 4-4 可知，相对应的亲和度的数值是不断升高的，亲和度的数值越大说明个体越好，算法的性能越好。最优个体亲和度及性能指标最后都趋向于某一定值，则说明在进化代数不断增加的情况下，第 8、9、10 代及以后的进化世代中最优个体已经挑选出来，第 8 代的最优个体就是全局最优个体。

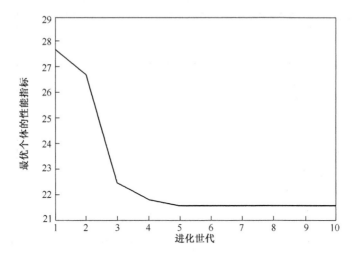

图 4-3　每代最优个体的性能指标

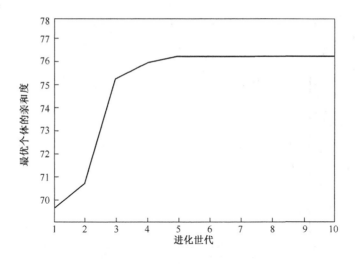

图 4-4　每代最优个体的亲和度

4.3.3　在线协调控制模型的输出响应

图 4-5 和图 4-6 分别是在线协调控制模型的控制器输出及系统输出。

由图 4-5 和图 4-6 可知，随着在线协调算法的运行，不断地对参数进行在线协调优化，最终能实现对系统的控制，使系统能稳定在期望输出值左右，控制器的输出及系统输出都在 30s 左右达到稳定。

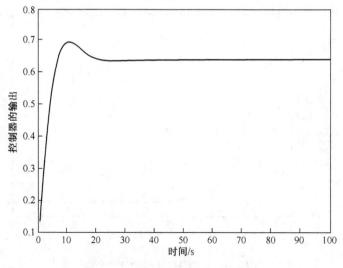

图 4-5　协调控制模型的控制器输出

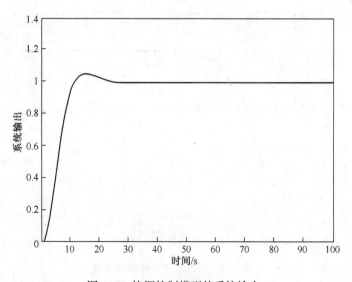

图 4-6　协调控制模型的系统输出

4.3.4　四机两区域系统转子角及功率振荡曲线

将表 4-1 中的参数代入四机两区域系统中，可以得到如图 4-7 和图 4-8 所示不同方法下功率及转子角的振荡曲线对比图。其中动态指标优化方法见文献[70]。

由图 4-7 可知，根据文献[70]中动态指标优化方法仿真得到的有功功率

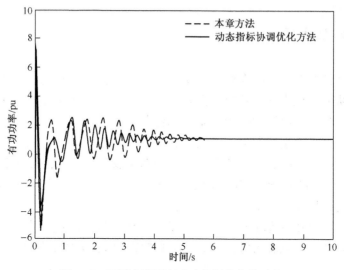

图 4-7　不同方法下有功功率振荡曲线对比

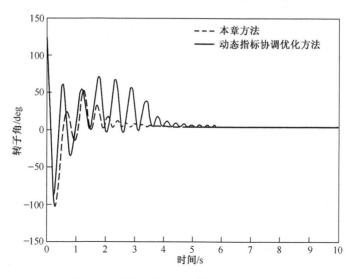

图 4-8　不同方法下转子角振荡对比曲线

振荡曲线在 8s 以上才趋于平稳，而通过本章方法得到的仿真结果，在 5s 左右振荡就逐渐趋于平稳，且与动态优化方法相比振幅能减小一半左右。在转子角振荡曲线图中，本章所述方法的转子角振荡曲线在 4s 左右趋于平稳，而文献[70]所述动态指标优化方法的转子角振荡曲线在 7s 左右趋于平稳，且振幅比本章方法要大。通过分析可知，本章所述在线协调控制方法能有效地抑制低频振荡。

4.4 本章小结

    针对多控制器之间的参数在线协调优化问题，本章首先给出了多控制器参数在线协调优化模型，然后提出基于球域人工免疫的多控制器参数协调优化算法，通过参数协调优化模型来协调优化多阻尼控制器参数，最后在典型四机两区域系统上进行仿真，并与其他方法进行了对比。仿真结果表明：与动态指标优化方法相比，本章方法的有功功率及转子角振荡曲线趋于平稳的时间均缩短 3s 左右，而且振幅也较小，该算法可以更有效地实现多控制器参数协调优化，提高电力系统的控制效果。

    在第 2 章至第 4 章的内容中，分别在经典四机两区域系统模型上进行了仿真，并且取得了理想的仿真结果，在第 5 章中将在 RTDS 实验设备上进行仿真检验。

第 5 章

RTDS实验

前面几章主要利用 MATLAB 在四机两区域系统模型上进行仿真，本章主要利用如图 5-1 所示的 RTDS 实验装置区域系统模型上实现电力系统在线安全稳定分析和广域阻尼控制等功能的仿真测试检验工作。

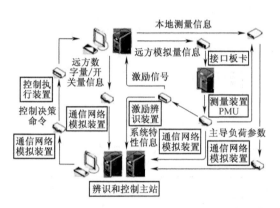

基于广域信息具有测量、通信和控制执行功能的在线控制实验装置

（a）RTDS实验控制系统

（b）RTDS实验仿真系统

图 5-1 RTDS 实验系统

5.1　RTDS 实验设备及实验流程

5.1.1　RTDS 实验设备

RTDS 实验设备是具有测量、通信和控制执行功能的在线控制实验装置。通过仿真验证和 RTDS 实验，一方面，可以检验是否能够提升不同工况下电力系统的振荡阻尼；另一方面，模拟实际电力系统不同的状态下控制系统之间的相互影响。RTDS 实验需要测试的协调控制系统设备包括主站控制与监测系统、协调控制屏柜和同步向量测量屏柜。在 RTDS 内配置有控制器信号输入点、支路测量点，可以测量线路功率及转子角等信息。通过这些信息可以分析电力系统的稳定性问题。

5.1.2　RTDS 实验流程

RTDS 实验流程如图 5-2 所示。

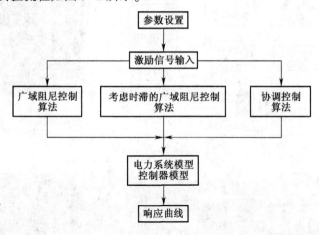

图 5-2　RTDS 实验流程

5.2　电力系统广域阻尼控制 RTDS 实验

我国南方电网包括广东、广西、云南、贵州和海南 5 省区。南方电网仿真模型包括母线 2329 个，发电机 335 台，负荷 1254 个。RTDS 可以对整个南方电网进行仿真，本章采用南方电网局部区域（云南—广东地区，发电机 67 台，负荷 251 个）进行仿真，利用 RTDS 实验设备对提出理论进行验证，控制器框图如图 5-3 所示。

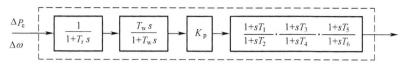

图 5-3 控制器框图

根据第 2 章算法第一步,首先给定降阶后电力系统模型 G,模型 G 可由文献 [60] 得到,然后再根据系统稳定性理论计算初始广域阻尼控制器模型 K。本章采用云南—广东区域系统降阶后的六阶传递函数作为初始电力系统模型:

$$G = \frac{z^5 + z^4 + z^3 + 1.5z^2 + 2z + 1}{z^6 + 4z^5 + 7.5z^4 + 9z^3 + 7.5z^2 + 3z + 1} \tag{5-1}$$

以该模型作为电力系统初始对象模型,那么,基于此模型传递函数广域阻尼控制器模型为

$$K = \frac{-0.0030z^5 - 0.0509z^4 - 0.0715z^3 - 0.0251z^2 + 0.0625z + 0.0381}{z^6 - 0.0862z^5 + 0.0950z^4 + 0.1727z^3 - 0.0516z^2 - 0.4313z - 0.2415} \tag{5-2}$$

5.2.1 电力系统最优辨识参数

在完成本书提出的自适应迭代辨识方法步骤后,可以得到电力系统最优参数估计结果,如图 5-4 所示。

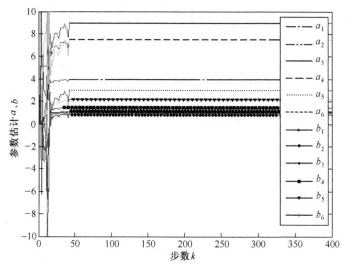

图 5-4 基于递推最小二乘法电力系统最优参数估计结果

此时电力系统模型最优辨识参数为

a_1: 3.9964　　　　　　b_1: 1.0596

a_2: 7.4861　　　　　　b_2: 0.8364

a_3: 8.9743　　　　　　b_3: 1.1158

a_4: 7.4720　　　　　　b_4: 1.4318

a_5: 2.9848　　　　　　b_5: 2.1806

a_6: 1.0029　　　　　　b_6: 0.9866

其中，$a_1 \sim a_6$、$b_1 \sim b_6$ 是指辨识模型传递函数中分母、分子变量前的系数。本节控制器设计步骤见 2.2.3 节。最优电力系统模型和最优阻尼控制器模型可表示如下：

$$G = \frac{1.0596z^5 + 0.8364z^4 + 1.1158z^3 + 1.4318z^2 + 2.1806z + 0.9866}{z^6 + 3.9964z^5 + 7.4861z^4 + 8.9743z^3 + 7.4720z^2 + 2.9848z + 1.0029}$$

$$(5-3)$$

$$K = \frac{-0.0025z^5 - 0.0564z^4 - 0.0625z^3 - 0.0294z^2 + 0.0607z + 0.0305}{z^6 - 0.0893z^5 + 0.1245z^4 + 0.1205z^3 - 0.0274z^2 - 0.4179z - 0.1979}$$

$$(5-4)$$

5.2.2 电力系统辨识模型与初始给定对象模型伯德图

基于递推最小二乘法得到的电力系统辨识模型与初始模型的伯德图，如图 5-5 所示。

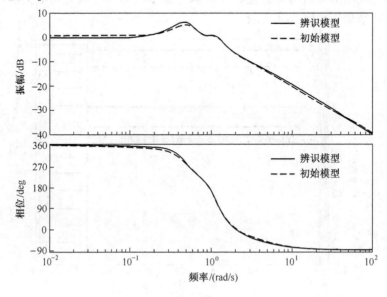

图 5-5　电力系统辨识模型与初始模型伯德图

从图 5-5 中可以看出，仿真得到的最终六阶辨识电力系统模型与初始六阶电力系统模型伯德图曲线非常接近，这表明最终辨识得到的六阶电力系统模型与初始给定的六阶电力系统模型逼近程度较高。

5.2.3　Vinnicombe 距离动态关系曲线

降阶后闭环电力系统模型 G 与不确定性模型集合 B_i 之间的 Vinnicombe 距离动态关系曲线如图 5-6 所示。

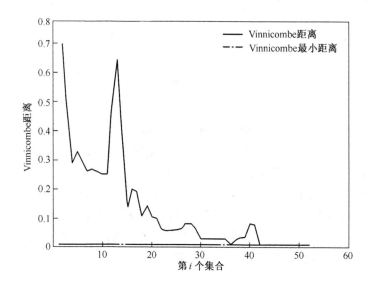

图 5-6　G 与 B_i 之间的 Vinnicombe 距离动态关系曲线

图 5-6 是一个动态的 Vinnicombe 距离曲线，它反映了电力系统降阶模型 G 与在考虑模型误差因素在内的不确定模型集合 B_i 之间距离在自适应迭代辨识过程中实时变化的关系曲线图。图 5-6 表明从第一次辨识开始到最后一次辨识结束时得到的辨识模型与 G 之间的距离基本越来越小，在第 15 次辨识的时候，由于误差因素出现距离突变，最终 G 与 B_i 之间的 Vinnicombe 距离固定在 0.01059，而且此时频率稳定裕度 0.1124 > 0.01059。因此说明，根据此时电力系统辨识模型设计得到的广域阻尼控制器模型也是可以使初始电力系统模型 G 稳定的，这也说明辨识电力系统模型与初始电力系统模型 G 逼近度是相当高的。

在使用本书提出的一种迭代辨识方法进行迭代辨识过程中，可以得到各辨识参数数据组对应的频率稳定裕度及模型之间 Vinnicombe 距离值的动态关系，如表 5-1 所示。

表 5-1   各辨识参数数据组对应的频率稳定裕度及模型之间 Vinnicombe 距离值

分　　组	Group 1	Group 2	Group 3	Group 4	Group 5	Group 6
频域稳定裕度	0.0447	0.0269	0.0325	0.0622	0.1272	0.1257
Vinnicombe 距离	0.5899	0.7660	0.4151	0.1462	0.1099	0.1048
分　　组	Group 7	Group 8	Group 9	Group 10	Group 11	Group 12
频域稳定裕度	0.1258	0.1178	0.1177	0.1191	0.1193	0.1192
Vinnicombe 距离	0.1041	0.0645	0.0589	0.0590	0.0610	0.0645

从表 5-1 中可以看出，辨识参数数据从第 5 组开始频率稳定裕度大于模型之间的 Vinnicombe 距离，从而可以进一步按照步骤确定最终得到的最优电力系统模型 G_{op} 及最优广域阻尼控制器模型 K_{op}。

转子角和有功功率振荡控制曲线如图 5-7 和图 5-8 所示。从转子角和功率振荡曲线中可以看出，本书所设计控制器与分数阶自抗扰广域阻尼控制器相比，趋于稳定的时间要比分数阶自抗扰广域阻尼控制器短，且从振幅上来看，本书方法抑制低频振荡的效果更有效。

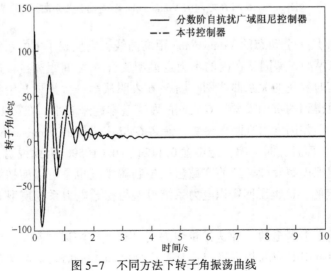

图 5-7   不同方法下转子角振荡曲线

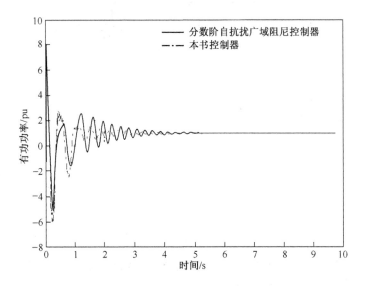

图 5-8　不同方法下有功功率振荡曲线

5.3　考虑时滞的电力系统广域阻尼控制 RTDS 实验

以云南—广东区域系统作为仿真验证模型。

根据第 3 章考虑时滞的电力系统广域阻尼控制算法，给定降阶后开环系统模型 G，初始广域阻尼控制器模型 F。云南—广东区域系统降阶后的传递函数为

$$G = \frac{z^5 + z^4 + z^3 + 1.5z^2 + 2z + 1}{z^6 + 4z^5 + 7.5z^4 + 9z^3 + 7.5z^2 + 3z + 1}$$

基于此传递函数 G 给定初始时滞广域阻尼控制器模型为

$$K = \frac{-0.0030z^5 - 0.0509z^4 - 0.0715z^3 - 0.0251z^2 + 0.0625z + 0.0381}{z^6 - 0.0862z^5 + 0.0950z^4 + 0.1727z^3 - 0.0516z^2 - 0.4313z - 0.2415}$$

本节前期辨识阶段对系统模型 G 的辨识结果与 5.1 节的辨识结果是一样的，具体辨识结果如 5.1 节所示。控制器设计方法见 3.2 节。

不同时滞下转子角和有功功率振荡曲线如图 5-9 和图 5-10 所示。从转子角和功率振荡曲线中可以看出，在没有广域阻尼控制器的闭环系统下，转子角和功率振荡曲线的振幅都是最大的；当考虑时滞时，时滞时间越长，转子角和功率振荡曲线的振幅越大，说明时滞越长，闭环系统越难控制。

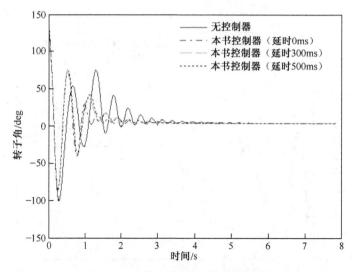

图 5-9　不同时滞下转子角振荡曲线

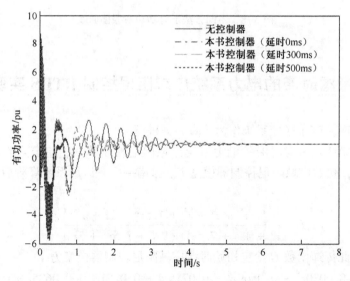

图 5-10　不同时滞下有功功率振荡曲线

5.4　多阻尼控制器的参数在线协调优化 RTDS 实验

　　同样以云南—广东区域系统作为仿真验证模型。

　　根据文献［60］，先给定降阶后电力系统模型 G，然后以此为控制对象。云南—广东区域系统降阶后的传递函数为

$$G = \frac{z^5 + z^4 + z^3 + 1.5z^2 + 2z + 1}{z^6 + 4z^5 + 7.5z^4 + 9z^3 + 7.5z^2 + 3z + 1}$$

电力系统中控制器种类较多，本书选取 PSS 控制器、未考虑时滞控制器及考虑时滞控制器三种控制器来进行在线参数优化。控制器的选取见 4.1 节。

5.4.1　控制器参数在线协调结果

表 5-2 为本书方法与动态指标优化方法（文献[70]）下得到的优化参数。

表 5-2　不同方法下的优化参数

参　数	K_p	K_1	K_2
本书方法	0.0819	0.0072	0.047
文献［70］中的方法	-0.3516	0.1564	0.1326

5.4.2　算法性能指标及亲和度

图 5-11 和图 5-12 分别是协调算法中最优个体的性能指标及亲和度变化曲线。

由图 5-11 可知，每代最优个体绝对误差积分准则性能指标是不断下降的，也就是说误差 $e(t)$ 是不断下降的，且由图 5-12 可知，亲和度的数值是不断升高的。最优个体亲和度及性能指标最后都趋向于某一定值，则说明在进化代数不断增加的情况下，第 6 代及以后的进化世代中最优个体已经挑选出来，第 6 代的最优个体就是全局最优个体。

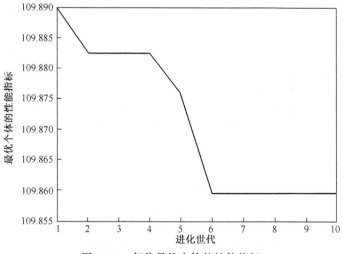

图 5-11　每代最优个体的性能指标

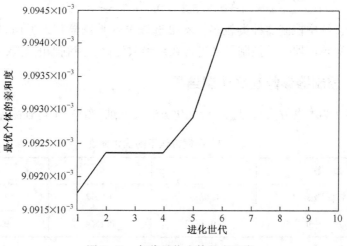

图 5-12　每代最优个体的亲和度

5.4.3　在线协调控制模型的输出响应

图 5-13 和图 5-14 分别是在线协调控制模型的控制器输出及系统输出。

由图 5-13 和图 5-14 可知，随着在线协调算法的进行，不断地对参数进行在线协调优化，最终能实现对系统的控制，使系统能稳定在期望输出值左右，控制器的输出及系统输出都在 30s 左右达到稳定。

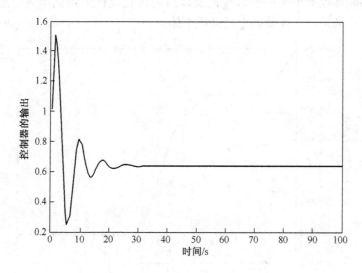

图 5-13　在线协调控制模型的控制器输出

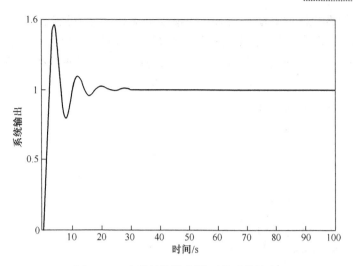

图 5-14　在线协调控制模型的系统输出

5.4.4　云南—广东区域系统转子角及功率振荡曲线

将表 5-2 中的参数代入云南—广东区域系统中，可以得到如图 5-15 和图 5-16 所示不同方法下有功功率及转子角的振荡曲线对比图。其中动态指标优化方法见文献［70］。

由图 5-15 可知，根据文献［70］中动态指标优化方法仿真得到的有功功率振荡曲线远在 7s 以上才趋于平稳，而观察本书方法得到的仿真结果，在 4s

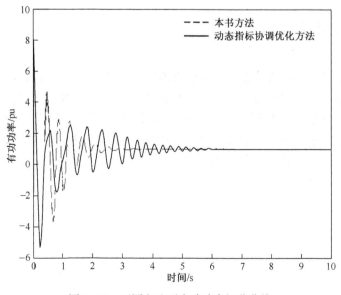

图 5-15　不同方法下有功功率振荡曲线

左右振荡就逐渐趋于平稳，且振荡的幅度与动态优化方法相比，振幅能减小一半左右。在图 5-16 中，本书所述方法的转子角振荡曲线在 4s 左右趋于平稳，而文献［70］所述动态指标优化方法的转子角振荡曲线在 6s 左右趋于平稳，且振幅比本书方法要大。通过 RTDS 实验分析可知，本书所述协调控制方法能有效地抑制低频振荡。

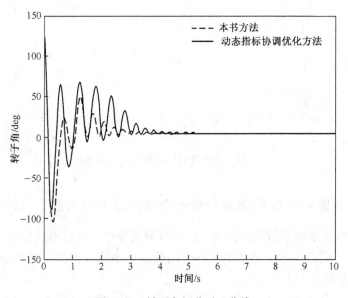

图 5-16　转子角振荡对比曲线

5.5　本章小结

　　本章利用 RTDS 实验设备进行仿真检验，经检验，本书实验结果与仿真结果基本一致，所设计算法都能更有效地抑制低频振荡。通过本书仿真及 RTDS 实验可知，考虑模型辨识误差因素之后设计的广域阻尼控制器以及时滞广域阻尼控制器能够更有效地抑制电力系统的低频振荡；并且通过球域人工免疫算法协调后的参数亦能有效地抑制电力系统的低频振荡。

第6章
结论与展望

6.1 结论

本书主要研究未考虑时滞的电力系统阻尼控制、考虑时滞的电力系统广域阻尼控制及控制器间的在线协调控制三个科学问题。

（1）在未考虑时滞的电力系统广域阻尼控制中，将模型辨识误差因素考虑在内，基于递推最小二乘法和 Vinnicombe 距离理论，提出了一种基于迭代辨识的电力系统阻尼控制方法；在四机两区域系统模型上进行了算例仿真，与龙格库塔方法进行了对比分析；在云南—广东地区模型上用 RTDS 设备进行检验。本章提出方法与传统迭代辨识法相比在振幅上有所减小，趋于稳定的时间减少了一半左右，对电力系统的转子角振荡控制趋于平稳时间在 10s 左右，考虑模型辨识误差因素之后设计的控制器能够更有效地抑制电力系统的低频振荡。

（2）在考虑模型辨识误差因素的基础之上，针对时滞问题提出一种考虑时滞的电力系统迭代辨识阻尼控制器设计方法，状态反馈控制器和反馈增益矩阵分别用线性矩阵不等式和极点配置法来设计；在四机两区域系统模型上进行算例仿真，在云南—广东地区模型上用 RTDS 设备进行检验，在不同时滞环境下进行了对比分析，转子角及功率振荡可以在 8s 内趋于稳定，能有效地抑制低频振荡，保证电力系统的稳定性。

（3）针对多控制器之间的在线协调控制问题，提出一种球域人工免疫算法来在线协调优化多阻尼控制器参数。该算法可以减少计算量，并且具有全局的搜索能力；在四机两区域系统模型上进行算例仿真，在云南—广东地区模型上用 RTDS 设备进行检验；所设计算法都能更有效地抑制低频振荡。

本书通过仿真验证及 RTDS 设备检验可知，考虑模型辨识误差因素之后设计的广域阻尼控制器能够更有效地抑制电力系统的低频振荡；且通过球域人工免疫算法协调后的参数亦能有效地抑制电力系统的低频振荡。

6.2 展望

近年来，随着我国电网技术的不断进步以及我国低碳环保节能减排政策的贯彻执行，使得新能源发电和环保车辆入网成为电力系统发展的重要趋势，新能源发电和环保车辆得到了国家电力行业的大力支持，为未来电力系统的发展创造了新机遇，可促使电网的发展趋于高效、清洁和智能化。与此同时，新能源发电和环保车辆接入电网后产生了许多技术问题，也对电力系统的安全稳定运行产生较大冲击，例如，会改变系统原有的潮流及网损分布，对电力系统小干扰稳定性产生影响。小干扰稳定性与电力系统低频振荡密切相关，新能源发电和环保车辆并网接入点增多和容量增加会对互联系统区域间的原有低频振荡模态产生影响，也会对相关振荡模态的阻尼特性产生影响。因此，在新能源的迅速发展进程中，新能源发电和环保车辆接入电力系统阻尼控制问题及新能源并网带来的扰动产生的低频振荡问题是未来电网亟待解决的问题。

参 考 文 献

［1］陈磊，陈亦平，戴远航，等．基于 WAMS 的南方电网低频振荡调度应对策略［J］．南方电网技术，2013，7（4）：12-18.

［2］宋墩文，杨学涛，丁巧林，等．大规模互联电网低频振荡分析与控制方法综述［J］．电网技术，2011，35（10）：22-28.

［3］Goldoost S R, Mishra Y, Ledwich G. Wide-area damping control for inter-area oscillations using inverse filtering technique［J］. IET Generation, Transmission and Distribution, 2015, 13（9）：1534-1543.

［4］Sarmadi S A N, Venkatasubramanian V. Inter-area resonance in power systems from forcedoscillations［J］. IEEE Transactions on Power Systems, 2016, 31（1）：378-386.

［5］Zhang X R, Lu C, Xie X R, et. al. Stability analysis and controller design of a wide-area time-delay system based on the expectation modelmethod［J］. IEEE Transactions on Smart Grid, 2016, 7（1）：520-529.

［6］杨晓静，赵书强，马燕峰．基于广域测量信号的互联电网阻尼控制研究［J］．华北电力大学学报（自然科学版），2006，33（1）：24-28.

［7］刘学智，袁荣湘．基于输出反馈的电力系统广域阻尼控制［J］．电网技术，2010，34（4）：115-118.

［8］李建，赵艺，陆超，等．无模型自适应广域阻尼控制设计方法［J］．电网技术，2014，38（2）：395-399.

［9］刘凯，张英敏，李兴源，等．基于振荡暂态能量下降的 VSC-HVDC 双侧模糊无功阻尼控制器设计［J］．电网技术，2016，40（4）：1030-1036.

［10］Reza G S, Yateendra M, Gerard L. Wide-area damping control for inter-area oscillations using inverse filtering technique［J］. IET Generation, Transmission and Distribution, 2015, 9（13）：1534-1543.

［11］Chaudhuri N R, Ray S, Majumder R, et. al. A new approach to continuous Latency compensation with adaptive phasor power oscillation damping controller（POD）［J］. IEEE Transactions on Power Systems, 2010, 25（2）：939-946.

［12］Jiang L, Yao W, Wu Q H, et. al. Delay-dependent stability for load frequency control with constant and time-varying delays［J］. IEEE Transactions on Power Systems, 2012, 27（2）：932-941.

［13］江全元，白碧蓉，邹振宇，等．计及广域测量系统时滞影响的 TCSC 控制器设计[J]．电力系统自动化，2004，28（20）：21-25.

［14］Wu H X, Heydt G T. Design of delayed-input wide area power system stabilizer using the gain scheduling method［C］//Power Engineering Society General Meeting. IEEE Xplore, 2003：1709（3）.

［15］Venkatasubramanian V, Schattler H, Zaborszky J. Local bifurcations and feasibility regions in differential-algebraicsystems［J］. IEEE Transactions on Automatic Control, 1995, 40

(12)：1992-2013.

[16] Jarjis J, Galiana F D. Quantitative Analysis of Steady State Stability in Power Networks [J]. IEEE Transactions on Power Apparatus & Systems, 2007, PAS-100 (1)：318-326.

[17] 贾宏杰, 谢星星, 余晓丹. 考虑时滞影响的电力系统小扰动稳定域 [J]. 电力系统自动化, 2006, 30 (21)：1-5.

[18] 贾宏杰, 陈建华, 余晓丹. 时滞环节对电力系统小扰动稳定性的影响 [J]. 电力系统自动化, 2006, 30 (5)：5-8.

[19] 白碧蓉, 江全元, 戚军, 等. 考虑时滞影响的统一潮流控制器的控制设计 [J]. 浙江大学学报 (工学版), 2005, 39 (12)：1984-1988.

[20] 常勇, 徐政. 考虑多机系统广域信号时滞影响的直流附加控制器设计 [J]. 电工技术学报, 2007, 22 (5)：134-139.

[21] 戚军, 江全元, 曹一家. 基于系统辨识的广域时滞鲁棒阻尼控制 [J]. 电力系统自动化, 2008, 32 (6)：35-40.

[22] 戚军, 江全元, 曹一家. 采用时滞广域测量信号的区间低频振荡阻尼控制器设计[J]. 电工技术学报, 2009, 24 (6)：154-159.

[23] 姚伟, 文劲宇, 程时杰, 等. 考虑时滞影响的SVC广域附加阻尼控制器设计 [J]. 电工技术学报, 2012, 27 (3)：239-246.

[24] 李婷. 基于广域测量技术的时滞电力系统稳定性分析与控制设计 [D]. 长沙：中南大学, 2013.

[25] 古丽扎提·海拉提, 王杰. 广义Hamilton多机电力系统的广域时滞阻尼控制 [J]. 中国电机工程学报, 2014, 34 (34)：6199-6208.

[26] 周一辰. 考虑时滞的电力系统阻尼控制器设计 [D]. 北京：华北电力大学, 2015.

[27] Kamwa I, Grondin R, Asber D, et al. Large-scale active-load modulation for angle stability improvement [J]. IEEE Transactions on Power Systems, 1999, 14 (2)：582-590.

[28] 李国杰, 马锋. PSS与VSC-HVDC附加阻尼控制器参数协调优化设计 [J]. 电网技术, 2009, 33 (11)：39-43.

[29] 史林军, 张磊, 陈少哺, 等. 多机系统中飞轮储能系统稳定器与PSS的协调优化[J]. 中国电机工程学报, 2011, 31 (28)：1-8.

[30] 郑希云, 李兴源, 王渝红. 基于混沌优化算法的PSS和直流调制的协调优化 [J]. 电工技术学报, 2010, 25 (5)：170-175.

[31] 谢小荣, 崔文进, 唐义良, 等. STATCOM控制器与常规PID励磁调节器的分散协调设计 [J]. 电工技术学报, 2001, 16 (3)：24-28.

[32] Li L, Wu X, Li P. Coordinated Control of Multiple HVDC systems for damping interarea oscillations in CSG [C]//Power Engineering Society Conference and Exposition in Africa, 2007：1-7.

[33] 范国英, 郭雷, 孙勇, 等. BFO-PSO混合算法的PSS参数优化设计 [J]. 电力系统及其自动化学报, 2010, 22 (6)：28-31.

[34] 赵洋. 基于多层分散结构的电力系统励磁控制协调 [D]. 保定：华北电力大

学, 2005.

[35] 卜海波. 电力系统协调控制初步研究 [D]. 天津: 天津大学, 2007.

[36] 张跃锋. 交直流电力系统协调控制的模型/策略与仿真研究 [D]. 重庆: 重庆大学, 2008.

[37] 毛纯纯. 基于广域信息的电力系统分散协调励磁控制 [D]. 秦皇岛: 燕山大学, 2011.

[38] 马燕峰, 赵书强. 基于在线辨识和区域极点配置法的电力系统低频振荡协调阻尼控制 [J]. 电工技术学报, 2012, 27 (9): 117-123.

[39] 高磊, 刘玉田, 汤涌, 等. 提升系统阻尼的多 STATCOM 阻尼控制器协调控制研究 [J]. 中国电机工程学报, 2013, 33 (25): 68-77.

[40] 张健南, 林涛, 余光正, 等. 大规模电力系统阻尼控制器协调优化方法 [J]. 电网技术, 2014, 38 (9): 2466-2472.

[41] 褚晓杰, 印永华, 高磊, 等. 一种基于电力系统在线平台的广域阻尼协调控制方法 [J]. 中国电机工程学报, 2015, 35 (7): 1557-1566.

[42] Falehi A D, Rostami M, Doroudi A. Coordinated design of PSSs and SSSC-based damping controller based on GA optimization technique for damping of power system multi-mode oscillations [C]//Power Electronics, Drive Systems and Technologies Conference. IEEE, 2011: 199-204.

[43] Molina D, Venayagamoorthy G K, Harley R G. Coordinated design of local and wide-area damping controllers for power systems using particle swarm optimization [C]//Power and Energy Society General Meeting. IEEE, 2013: 1-5.

[44] Deng J, Li C, Zhang X P. Coordinated Design of Multiple Robust FACTS Damping Controllers: ABMI-Based Sequential Approach With Multi-Model Systems [J]. IEEE Transactions on Power Systems, 2015, 30 (6): 3150-3159.

[45] Cao Y, Saha P. Improved branch and bound method for control structure screening [J]. Chemical Engineering Science, 2005, 60 (6): 1555-1564.

[46] Chen C L, Wang S C. Branch-and-bound scheduling for thermal generatingunits [J]. IEEE Transactions on Energy Conversion, 1993, 8 (2): 184-189.

[47] Cumanan K, Krishna R, Musavian L, et al. Joint Beamforming and User Maximization Techniques for Cognitive Radio Networks Based on Branch and Bound Method [J]. IEEE Transactions on Wireless Communications, 2010, 9 (10): 3082-3092.

[48] Nema S, Goulermas J, Sparrow G, et al. A Hybrid Particle Swarm Branch-and-Bound (HPB) Optimizer for Mixed Discrete Nonlinear Programming [J]. IEEE Transactions on Systems, Man, and Cybernetics-Part A: Systems and Humans, 2008, 38 (6): 1411-1424.

[49] Thakoor N, Gao J. Branch-and-Bound for Model Selection and Its Computational Complexity [J]. IEEE Transactions on Knowledge & Data Engineering, 2011, 23 (5): 655-668.

[50] Thakoor N, Gao J, Devarajan V. Multibody structure-and-motion segmentation by branch-

and-bound modelselection [J]. IEEE Transactions on Image Processing A Publication of the IEEE Signal Processing Society, 2010, 19 (6): 1393-1402.

[51] Bazin J C, Li H, Kweon I S, et al. A branch-and-bound approach to correspondence and grouping problems [J]. IEEE Transactions on Pattern Analysis & Machine Intelligence, 2013, 35 (7): 1565-1576.

[52] Wei D, OppenheimA V. A Branch-and-Bound Algorithm for Quadratically-Constrained Sparse Filter Design [J]. IEEE Transactions on Signal Processing, 2013, 61 (4): 1006-1018.

[53] Kariwala V, Cao Y. Branch and bound method for multiobjective control structure design [C]//Industrial Electronics and Applications, 2009. Iciea 2009. IEEE Conference on. IEEE, 2009: 2513-2518.

[54] 任佳. 航空发动机燃油机构的闭环系统辨识与故障诊断算法研究 [D]. 沈阳：东北大学, 2014.

[55] Dou L Q, Zong Q, Zhao Z S, et al. Iterative identification and control design with optimal excitation signals based on v-gap [J]. Science in China, 2009, 52 (7): 1120-1128.

[56] Albertos P, Sala A. Iterative Identification and Control: Advances in Theory and Applications [M]. London: Springer, 2002.

[57] Jansson H. Experiment Design with Applications in Identification for Control [J]. Signaler Sensorer Och System, 2004.

[58] James M R, Smith M C, Vinnicombe G. Gap metrics, representations, and nonlinear robust stability [C]//Decision and Control, 2000. Proceedings of the, IEEE Conference on. IEEE, 2005: 2936-2941 vol. 3.

[59] 强明辉, 张京娥. 基于 MATLAB 的递推最小二乘法辨识与仿真 [J]. 自动化与仪器仪表, 2008 (6): 4-5.

[60] 吴超. 基于广域测量类噪声信号的电力系统主导动态特性辨识 [D]. 北京：清华大学, 2010.

[61] 刘铖, 蔡国伟, 杨德友, 等. 双馈感应风机分数阶自抗扰广域阻尼控制器设计 [J]. 高电压技术, 2016, 42 (9): 2800-2807.

[62] 刘兆燕, 戚军, 苗轶群, 等. 单时滞电力系统时滞稳定裕度的简便求解方法 [J]. 电力系统自动化, 2008, 32 (18): 8-13.

[63] Zhang X M, Han Q L. New Lyapunov-Krasovskii functionals for global asymptotic stability of delayed neural networks [J]. IEEE Transactions on Neural Networks, 2009, 20 (3): 533-539.

[64] Ramakrishnan K, Ray G. Robust stability criteria for uncertain linear systems with interval time-varyingdelay [J]. Control Theory and Technology, 2011, 9 (4): 559-566.

[65] Yue D, Tian E, Zhang Y. A piecewise analysis method to stability analysis of linear continuous/discrete systems with time-varyingdelay [J]. International Journal of Robust & Nonlinear Control, 2009, 19 (13): 1493-1518.

[66] Z. Bien, K. M. Huh. High-order iterative learning control algorithm [C]//Computer

Aided Control System Design, 2006 IEEE International Conference on Control Applications. IEEE, 2007: 832-837.

[67] 马燕峰, 张佳怡, 蒋云涛, 等. 计及广域信号多时滞影响的电力系统附加鲁棒阻尼控制 [J]. 电工技术学报, 2017, 32 (6): 58-66.

[68] 王海龙. 计及信号传输延时的电力系统阻尼控制器设计 [D]. 南京: 南京邮电大学, 2015.

[69] 云庆夏. 进化算法 [M]. 北京: 冶金工业出版社, 2000.

[70] 张辰, 柯德平, 孙元章. 双馈风电机组附加阻尼控制器与同步发电机 PSS 协调设计 [J]. 电力系统自动化, 2017, 41 (8): 30-37.